目錄

：附 STEAM UP 小學堂

中文（附粵語和普通話錄音）

英文

數學

常識

藝術

• 認識上學用品的名稱

日期：

請把上學的用品和小男孩用線連起來，然後掃描二維碼，跟着唸一唸字詞。

1

shū bāo
書包

2

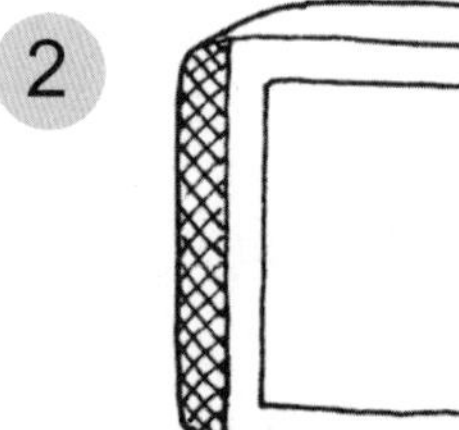

diàn shì jī
電視機

3

bēi zi
杯子

4

shū
書

5

xiǎo gǒu
小狗

6

wán jù
玩具

• 温習大楷 A、B 和小楷 a、b

日期：

請用手指沿着虛線走，然後把圖畫填上顏色。

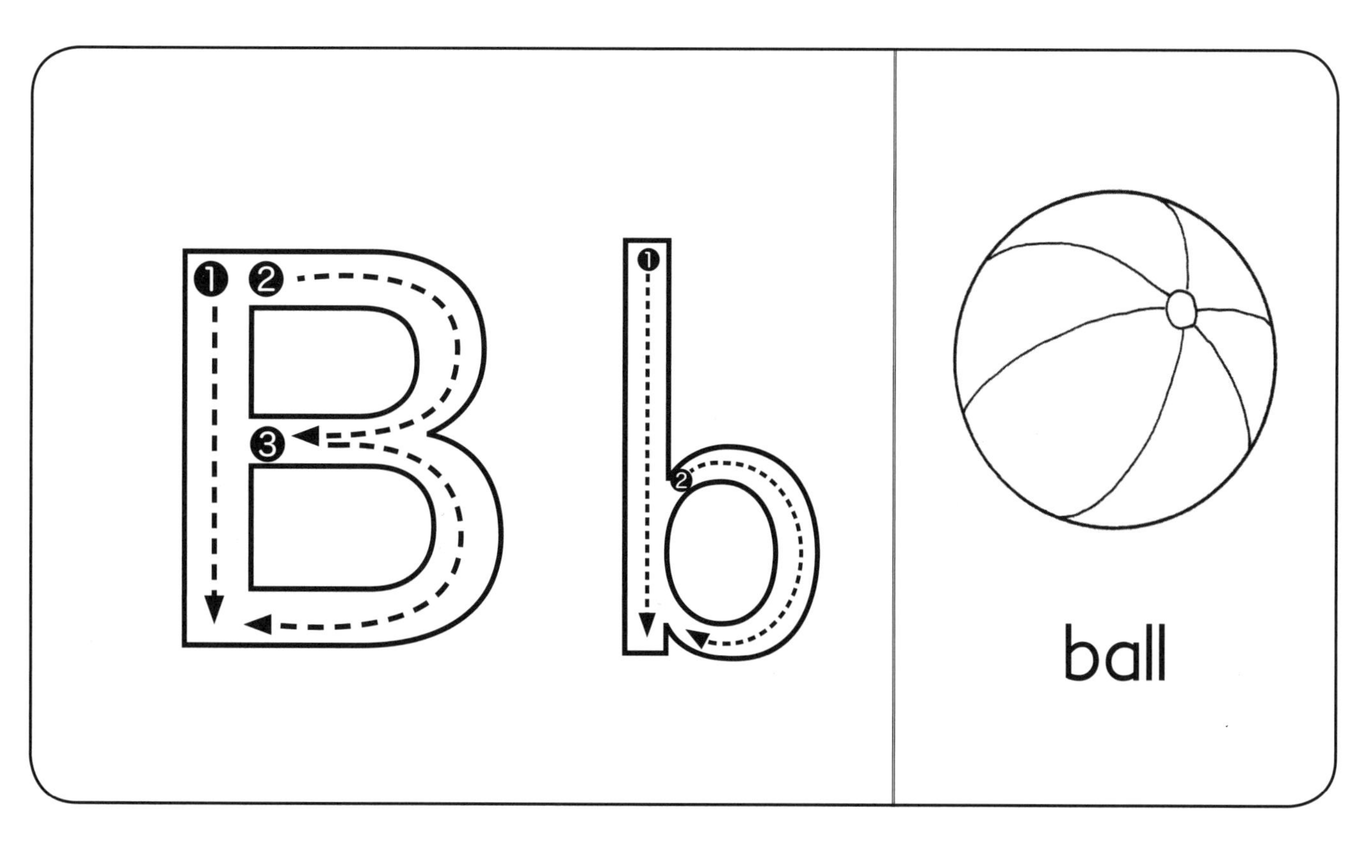

請按照指示把下面的圖形填上顏色。

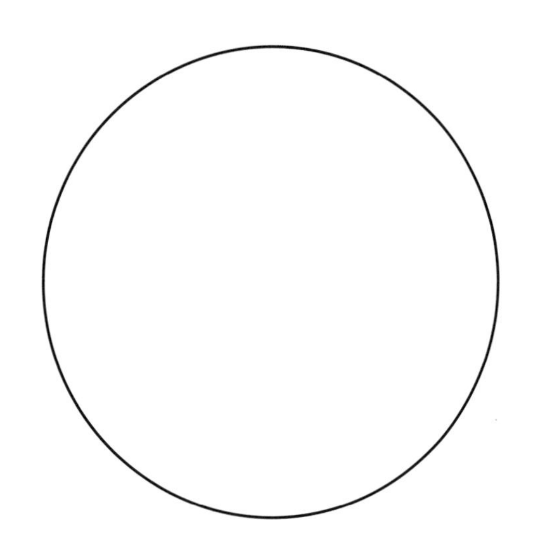

紅色的圓形

橙色的正方形

黃色的長方形

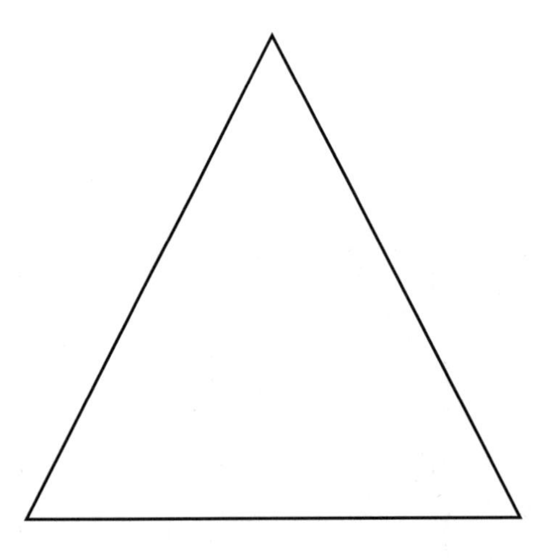

綠色的三角形

日期：

哪些是學校裏的物品？請把它們填上顏色。

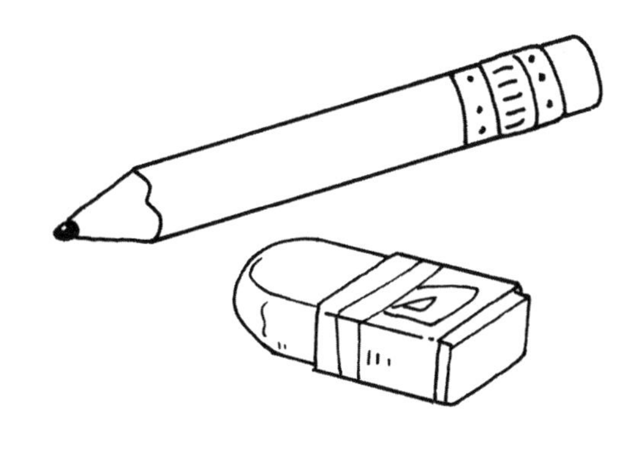

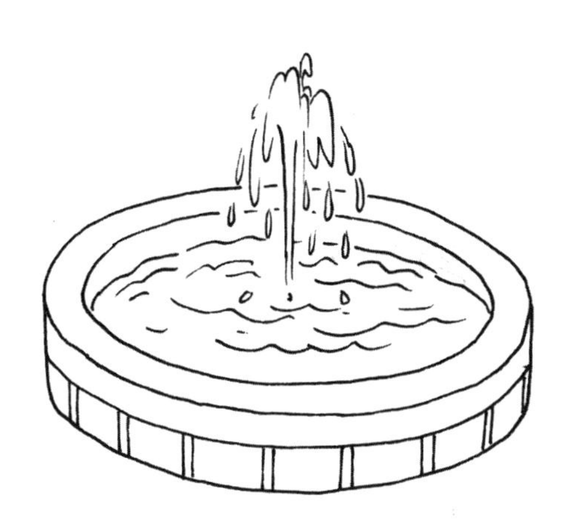

● 認讀：人、月

日期：

請把相配的字詞和圖畫用線連起來，然後掃描二維碼，跟着唸一唸字詞。

粵語

普通話

① rén
人 ●

② yuè
月 ●

請掃描二維碼，聽一聽是什麼句子，然後把正確的圖畫和句子圈起來。

粵語

普通話

①

zhè shì yuè liang
這是月亮。

②

zhè shì rén
這是人。

- 認字：apple、ball
- 温習大楷 A、B

日期：

請從貼紙頁選取跟圖畫相配的字詞貼紙，貼在 ⬚ 內。

請把相同的英文字母用線連起來。

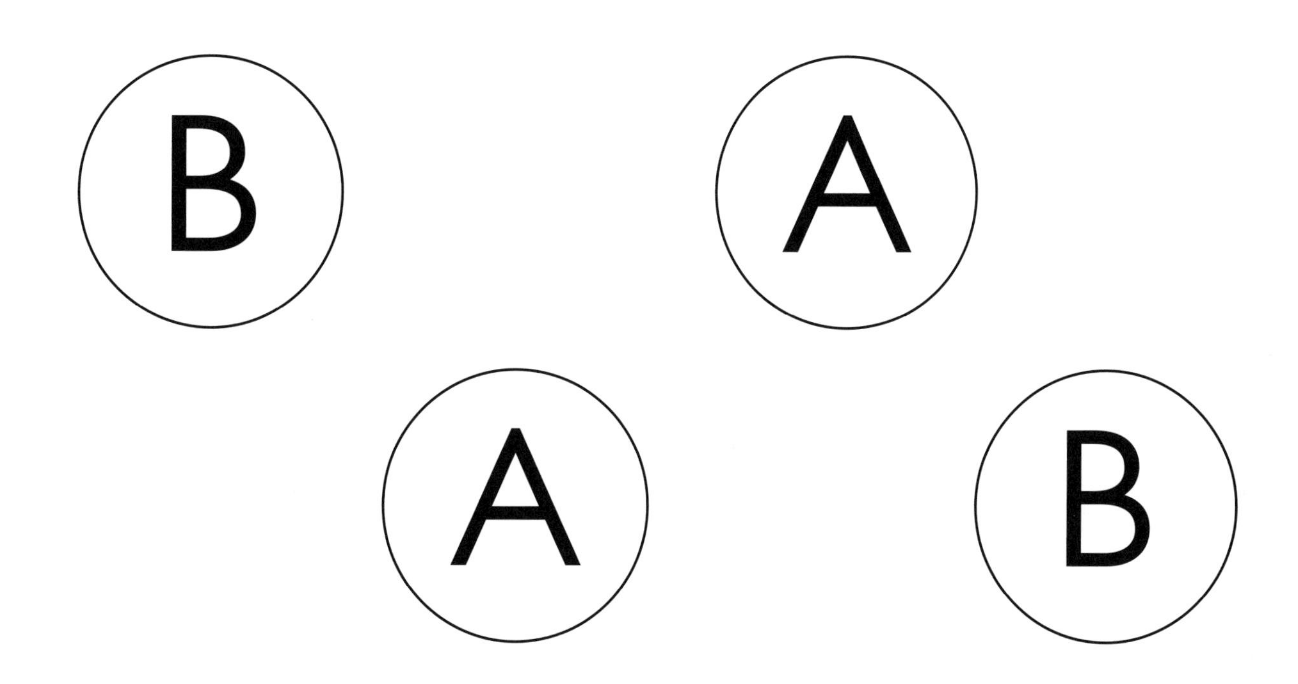

請用手指沿着虛線走，然後把數量是 1 的物件跟數字用線連起來。

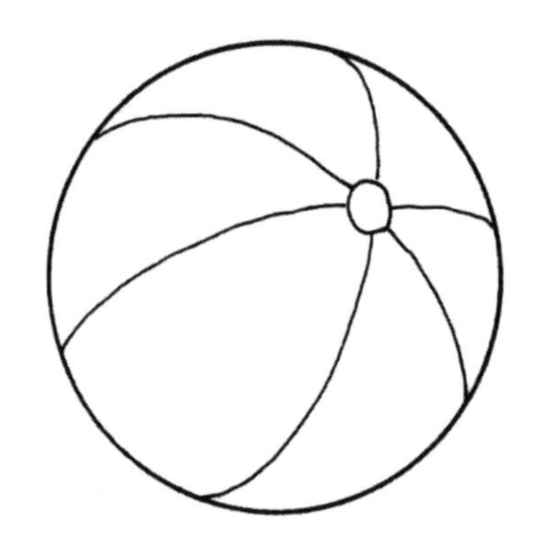

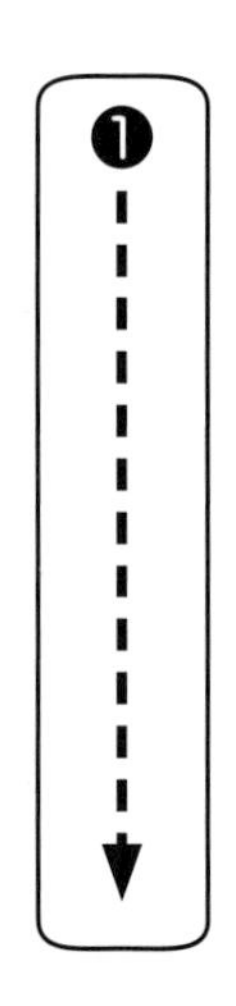

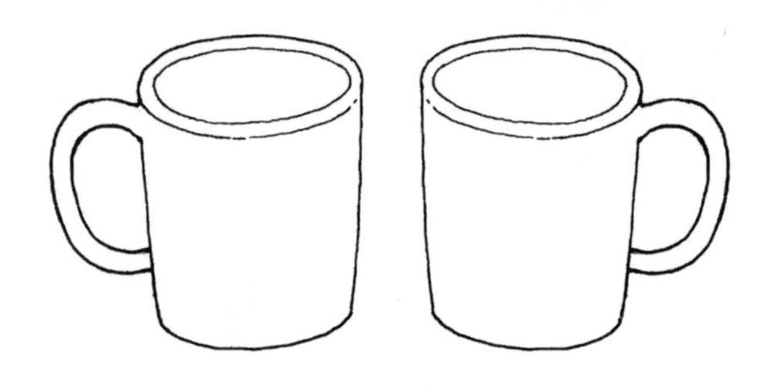

請把虛線連起來，然後填上顏色。你知道這是什麼嗎？

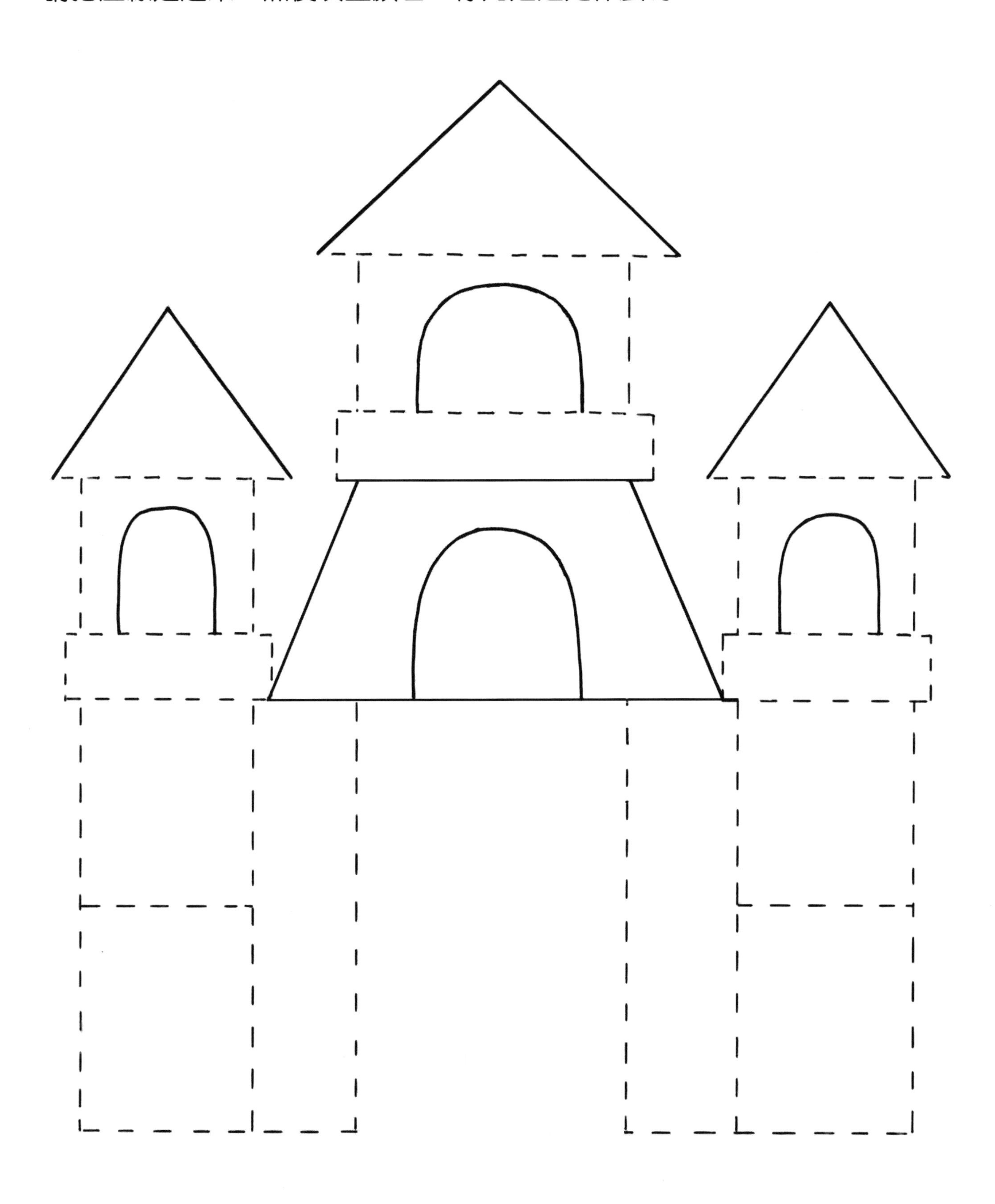

- 認讀：頭、口、手

日期：

請從貼紙頁選取跟圖畫相配的字詞貼紙，貼在 ⬚ 內，
然後掃描二維碼，跟着唸一唸字詞。

請用手指沿着虛線走，然後把圖畫填上顏色。

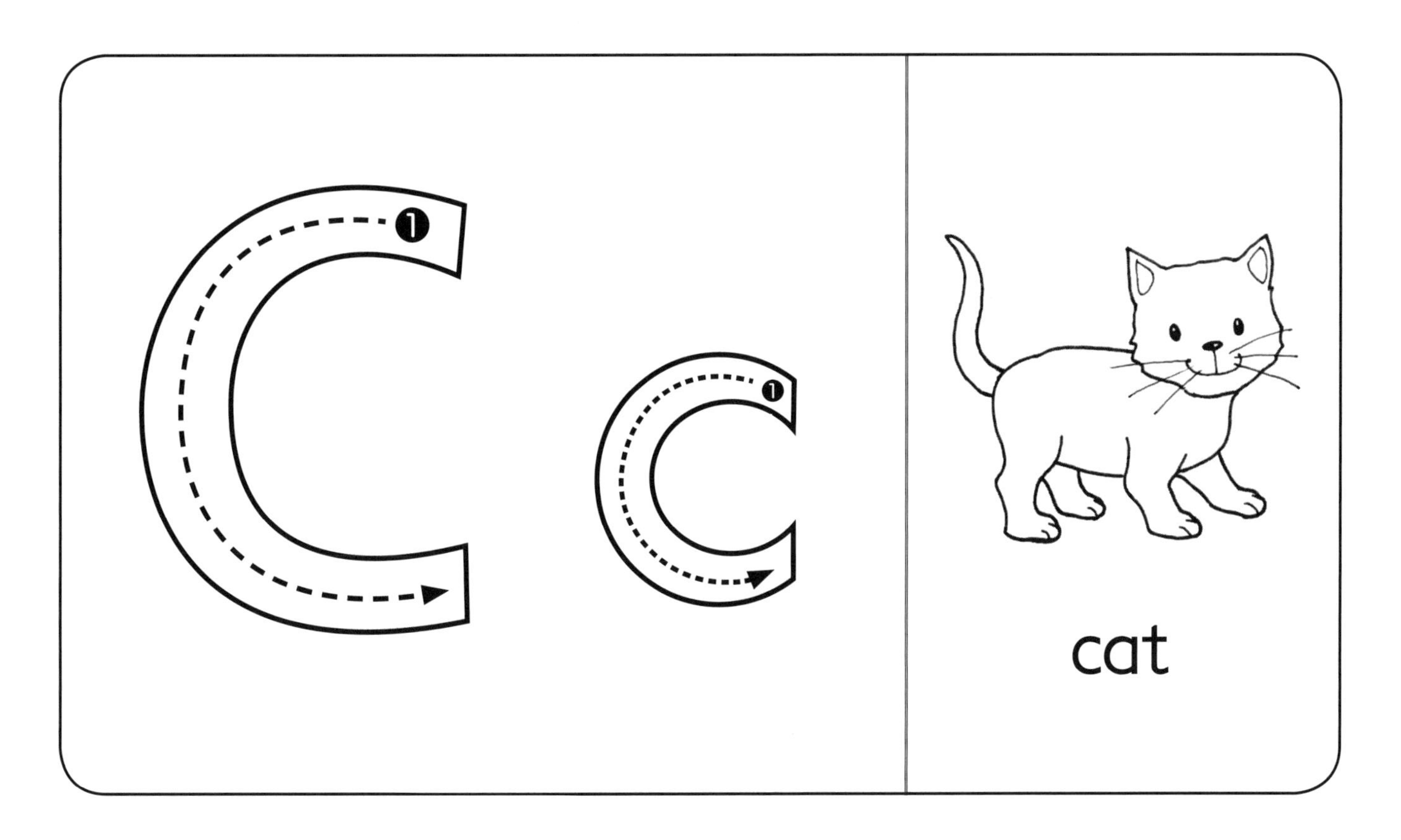

日期：

請把較大的皮球圈起來。

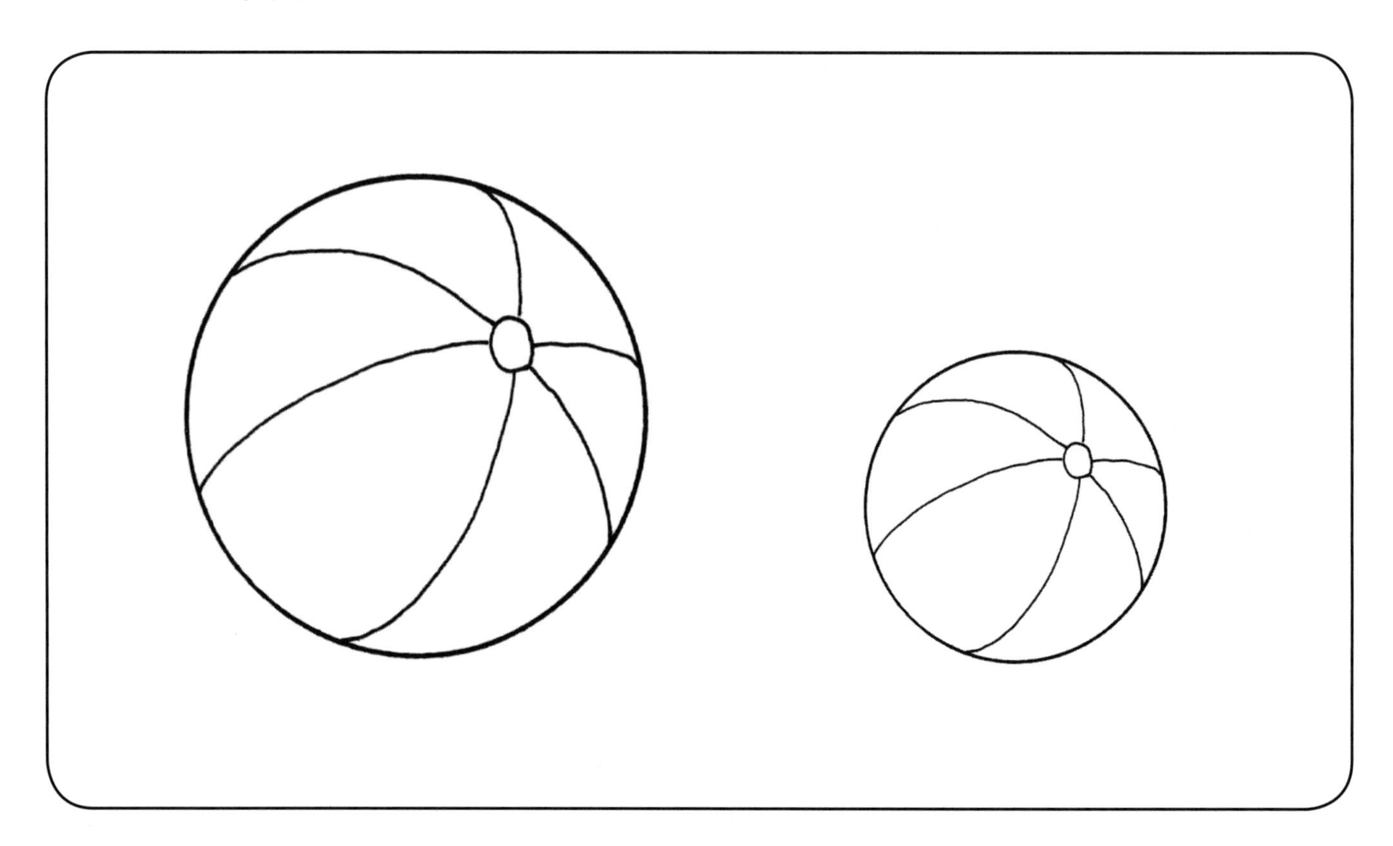

請把較長的襪子圈起來。

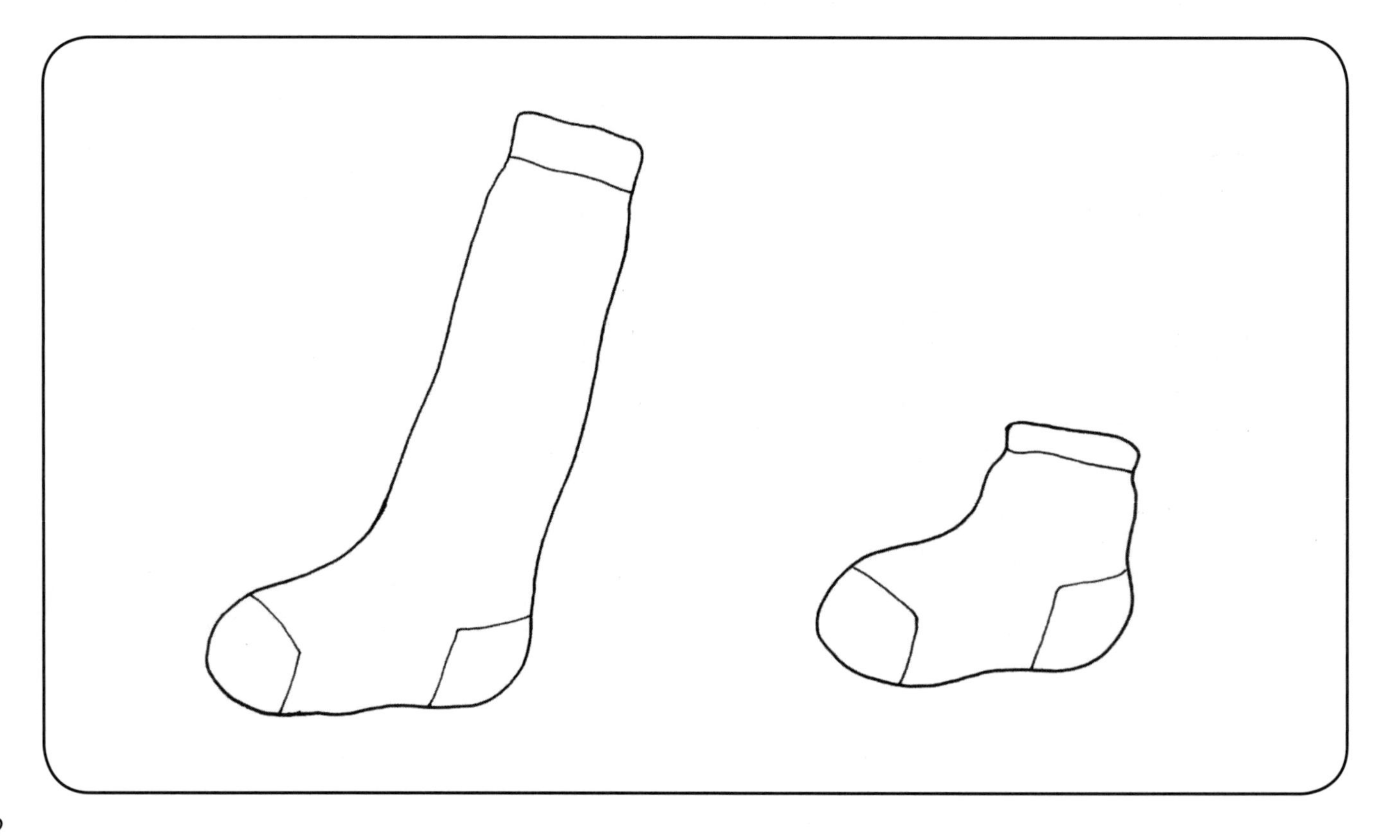

圖中的活動需要運用身體的哪個部分？請把正確的答案圈起來。

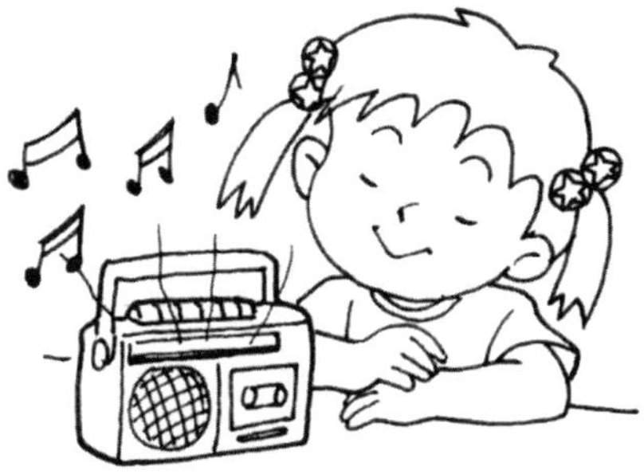

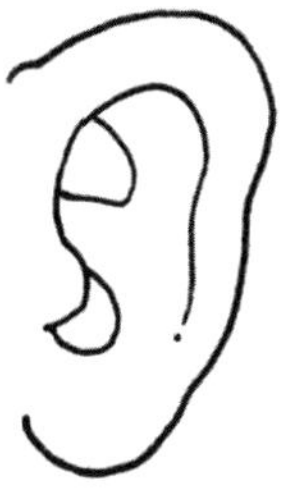

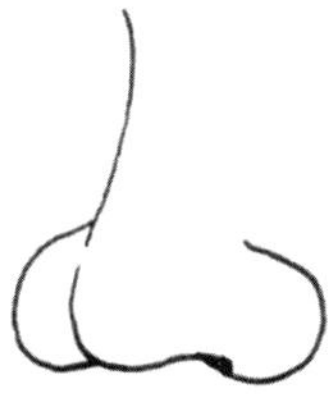

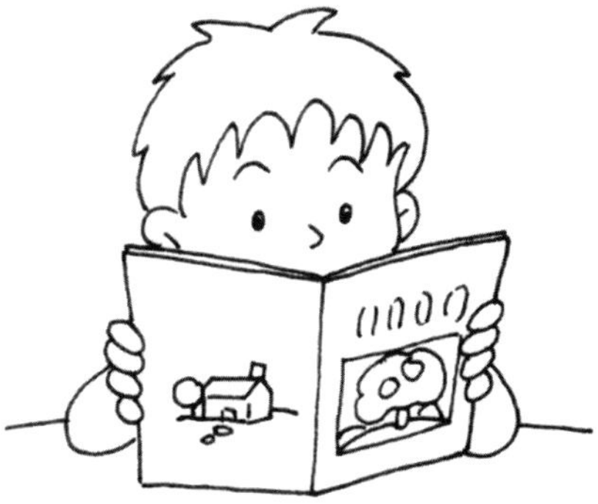

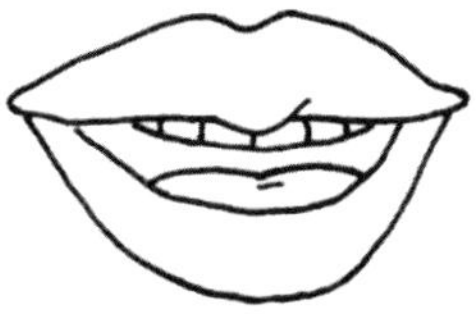

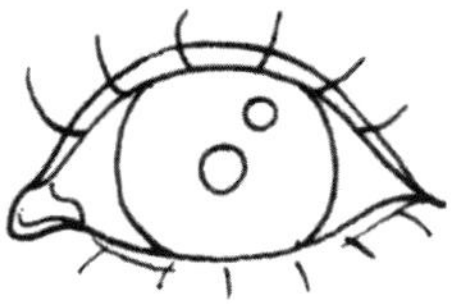

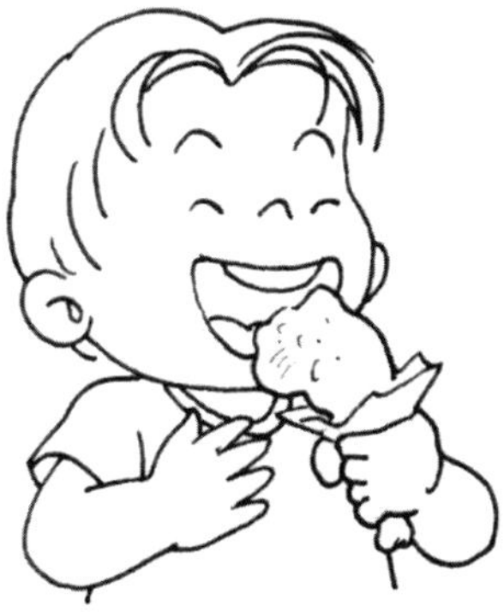

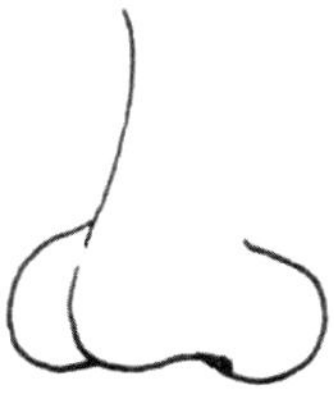

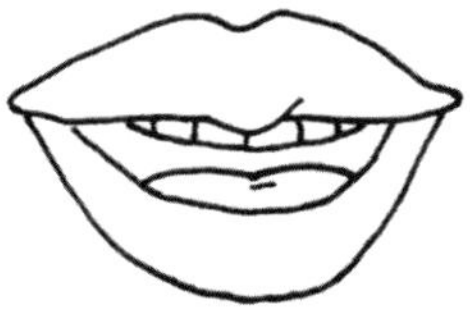

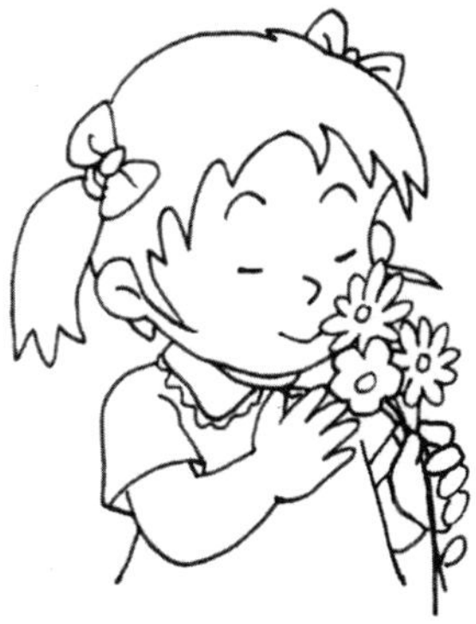

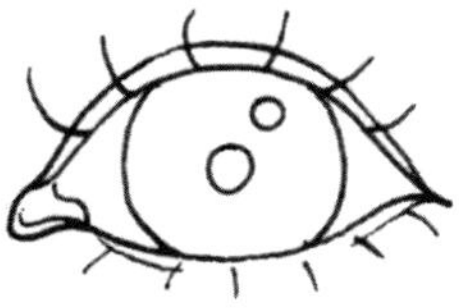

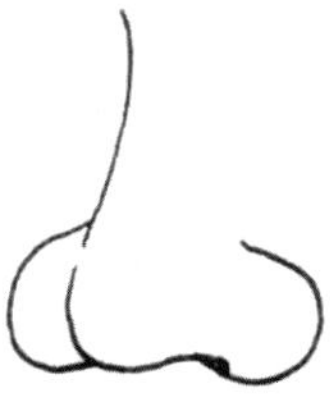

• 認讀：男、女

日期：

請把相配的字詞和圖畫用線連起來，然後掃描二維碼，跟着唸一唸字詞。

1 男 (nán) •　　　　　　•

2 女 (nǚ) •　　　　　　•

請掃描二維碼，聽一聽是什麼句子，然後在正確句子旁的 □ 內填上 ✓。

1 □ 我是男孩子。你是女孩子。
wǒ shì nán hái zi　nǐ shì nǚ hái zi

2 □ 我是女孩子。你是男孩子。
wǒ shì nǚ hái zi　nǐ shì nán hái zi

- 認字：car、dog
- 温習大楷 D 和小楷 d

日期：

請把跟圖畫相配的字詞圈起來。

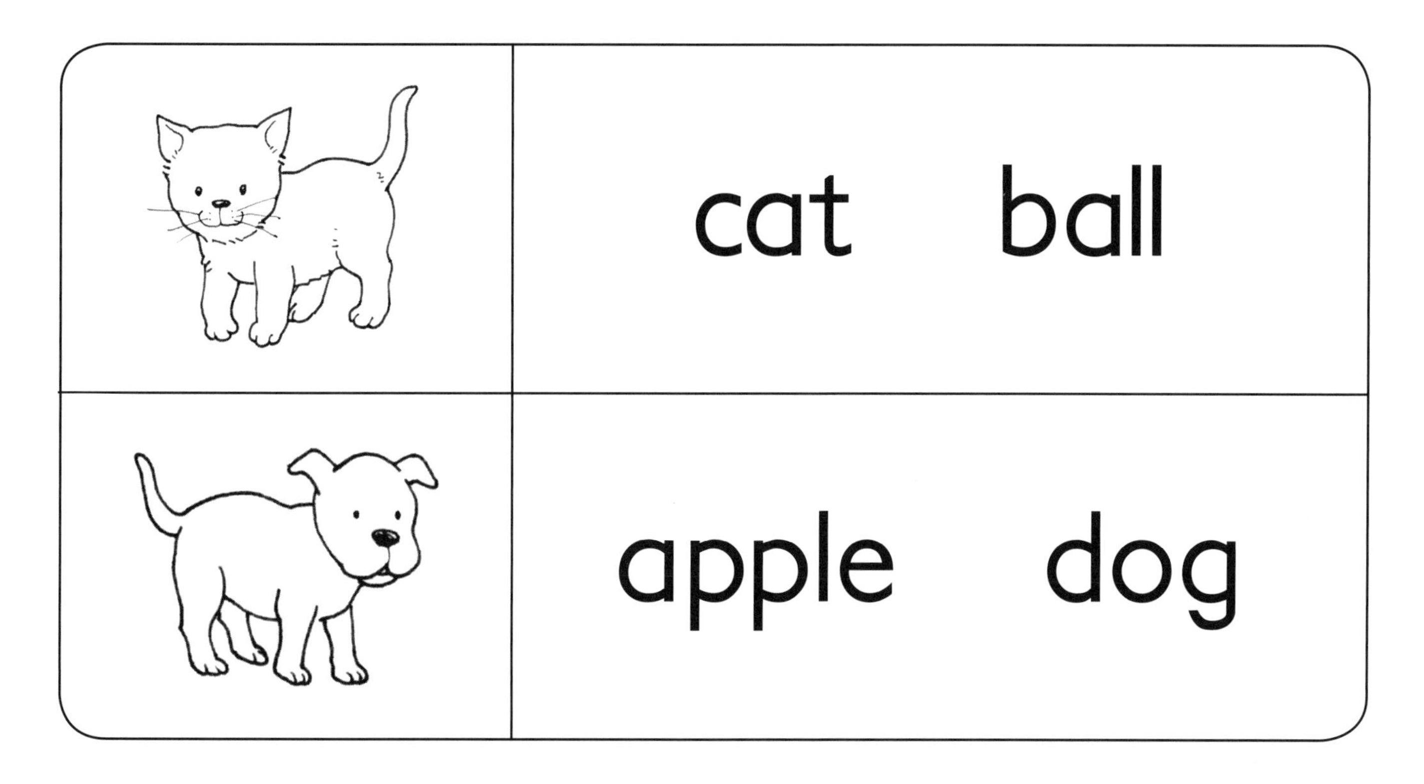

請把大楷 D 的部分填上橙色、小楷 d 的部分填上黃色。

• 認識 2 的數字和數量

日期：

請用手指沿着虛線走，然後把 2 個女孩填上顏色。

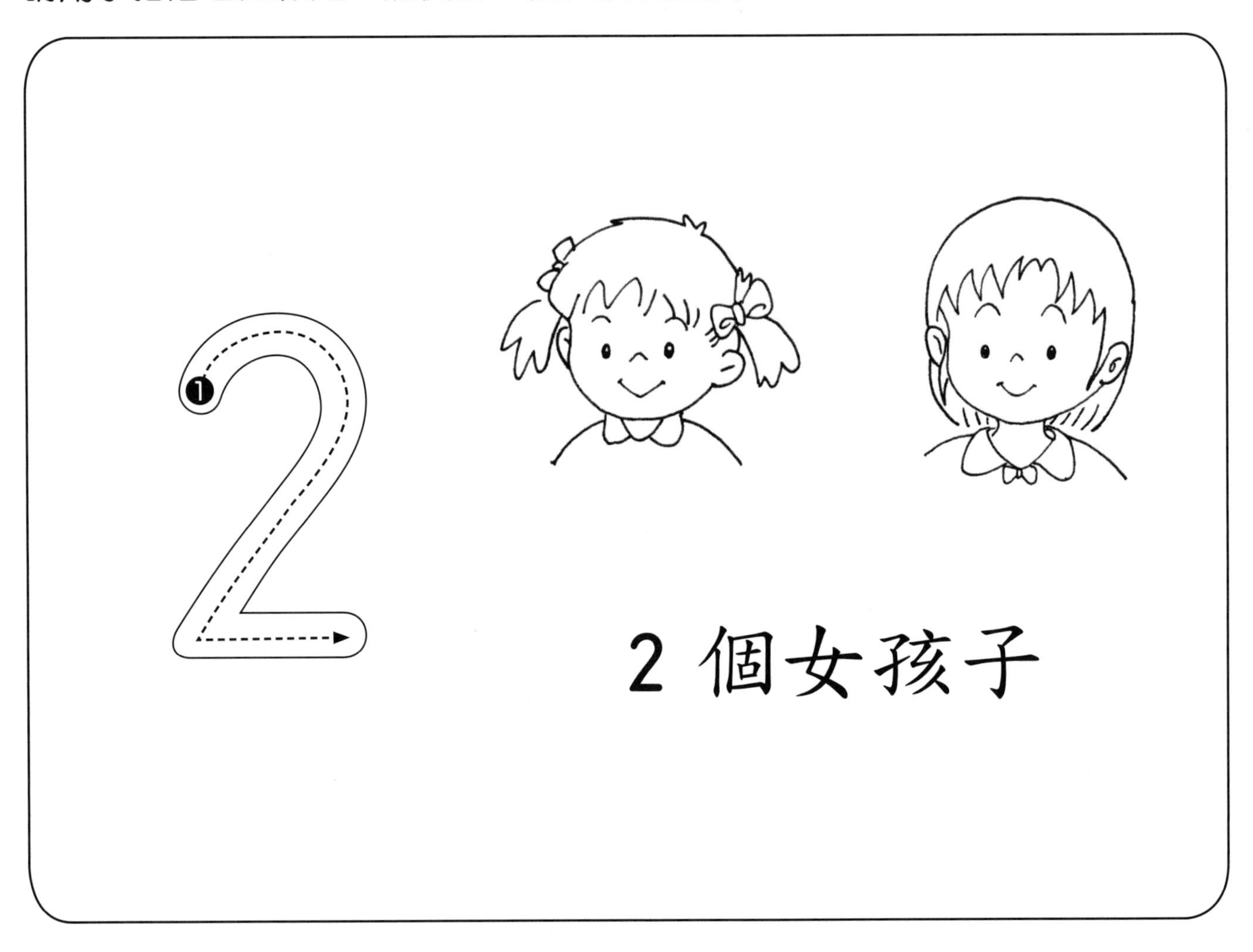

請數一數每種器官有多少，然後從貼紙頁選取 1 或 2 的貼紙，貼在 ⬚ 內。

日期：

請用拇指點上水彩，然後印在樹上，把它變成一棵蘋果樹。

STEAM UP 小學堂

小朋友，你有沒有發現印出來的拇指上會有些紋，那就是指紋。每個人的指紋都不一樣，而且在媽媽的肚子裏的時候就已經出現了！無論你日後長大了，變老了，這些指紋也不會改變的，所以當印上指紋，就能知道那個指紋是誰的了！現在一些智能手機也有指紋解鎖功能，透過辨別指紋，就能啟動手機了！

• 認讀：天、山、木

日期：

請把跟圖畫相配的字詞圈起來，然後把圖畫填上顏色。
最後掃描二維碼，跟着唸一唸字詞。

1		tiān 天　　mù 木
2		shān 山　　tiān 天
3		mù 木　　shān 山

請用手指沿着虛線走，然後把圖畫填上顏色。

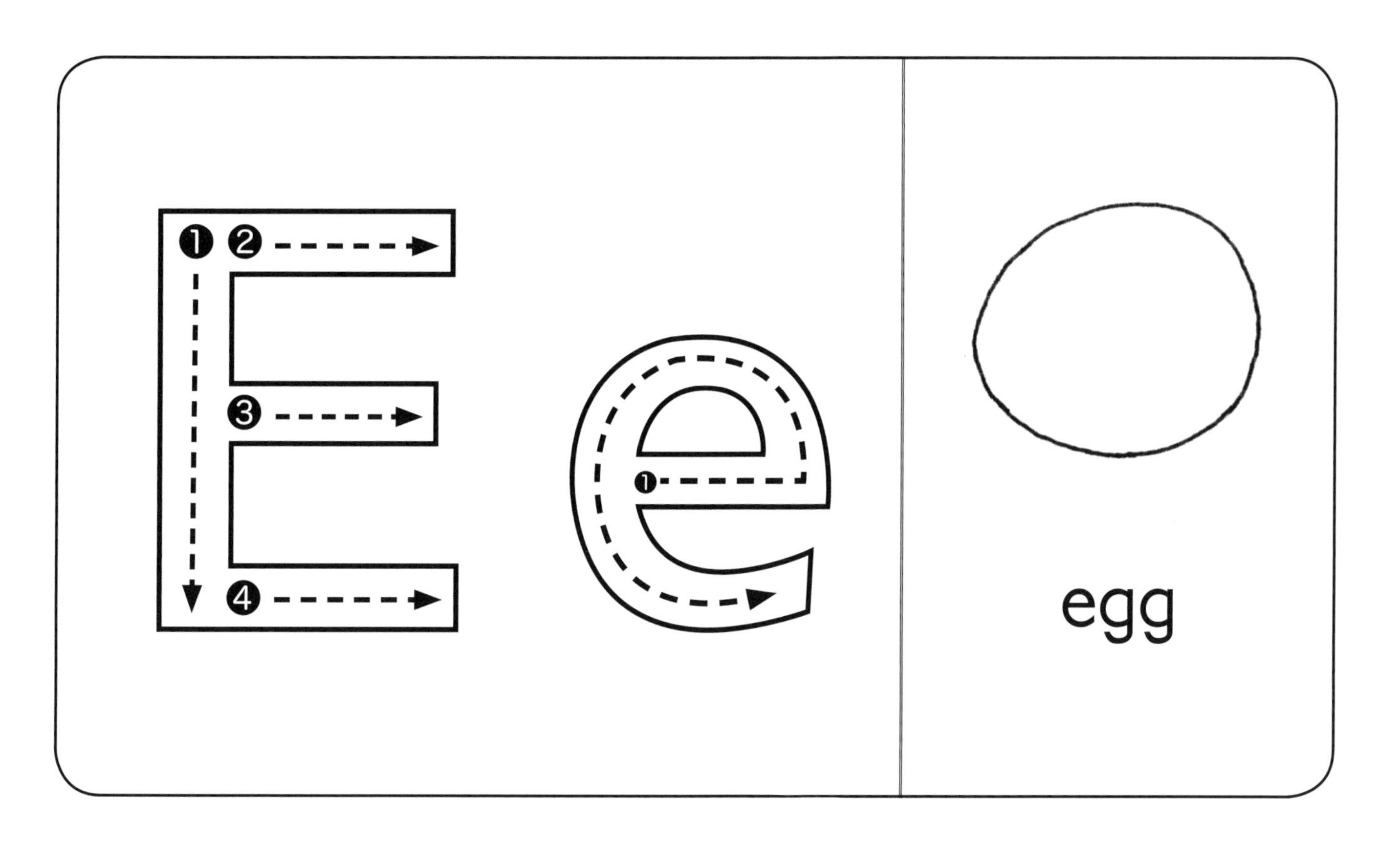

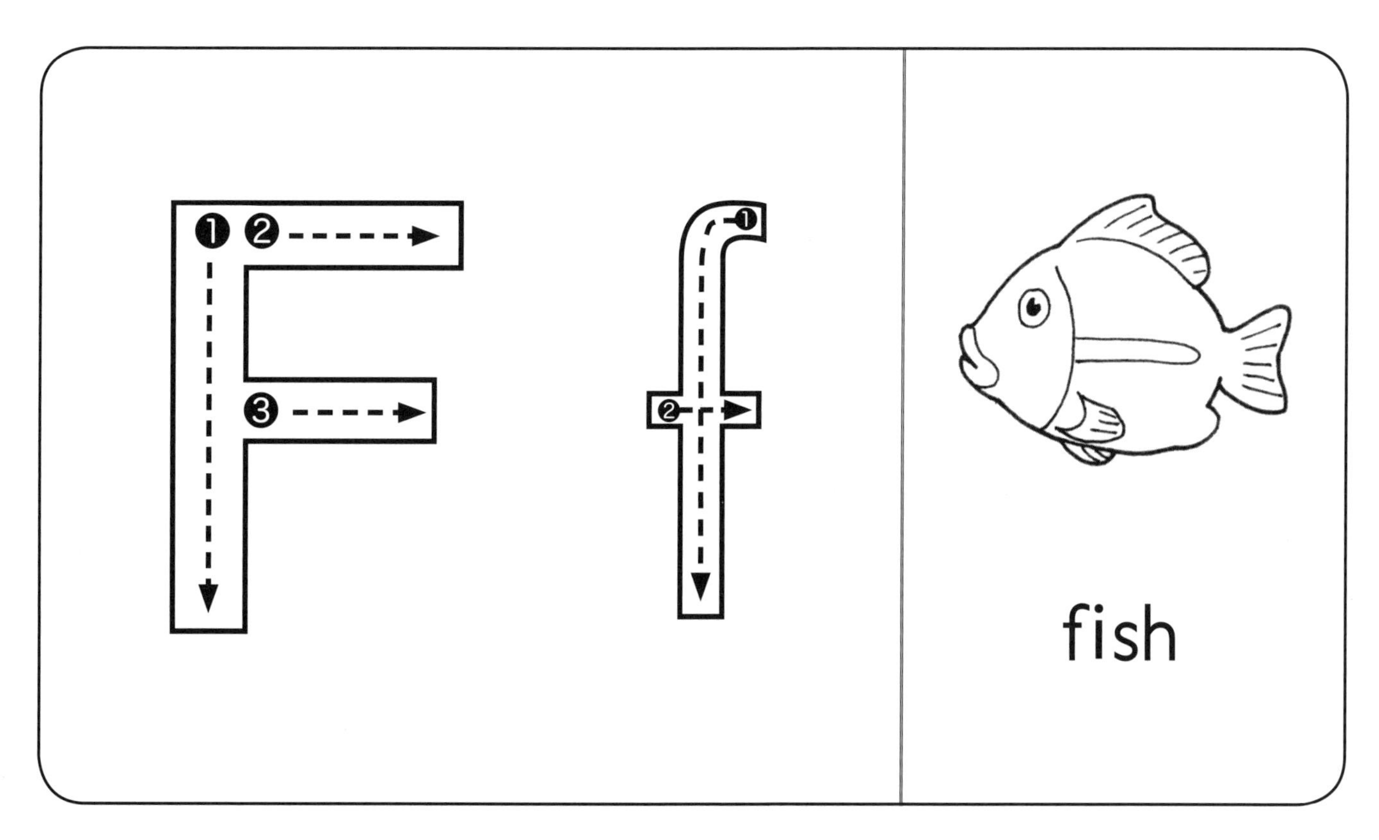

- 認識多和少的概念
- 認識上和下的概念

日期：

哪一盤的蘋果較多？請把它圈起來。

哪些梨子是在樹上？請把它們填上顏色。

請把木造的東西圈起來。

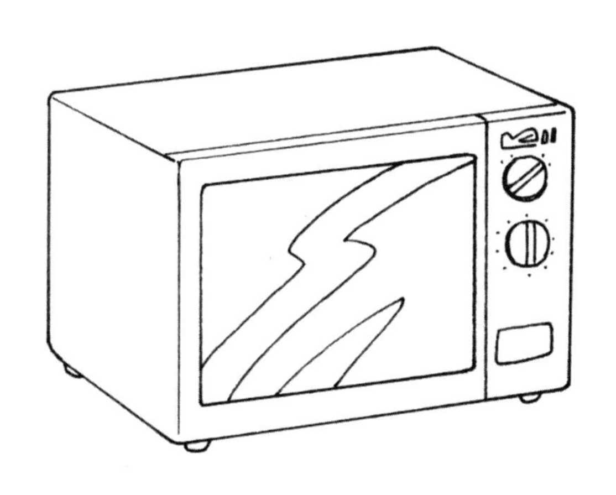

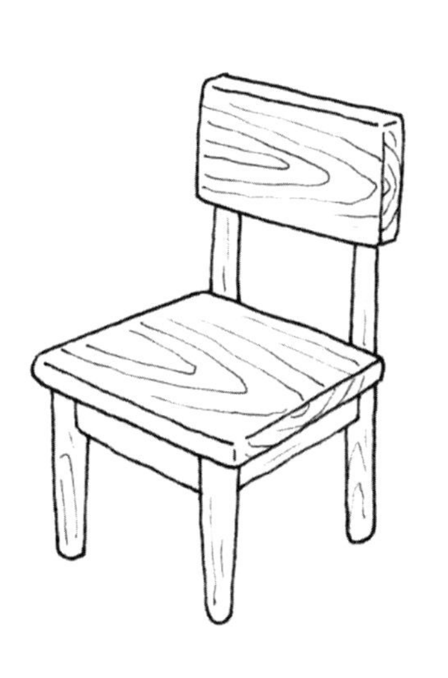

• 認讀：石、果

日期：

請從貼紙頁選取跟字詞相配的圖畫貼紙，貼在 ⬚ 內，然後掃描二維碼，跟着唸一唸字詞。

1 shí 石

2 guǒ 果

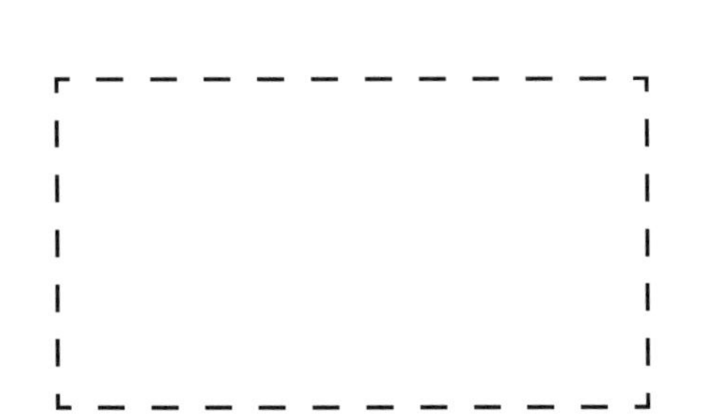

請把句子跟相配的圖畫用線連起來，然後掃描二維碼，跟着唸一唸句子。

1 zhè shì yí kuài shí tou
這是一塊石頭。

2 wǒ xǐ huan chī shuǐ guǒ
我喜歡吃水果。

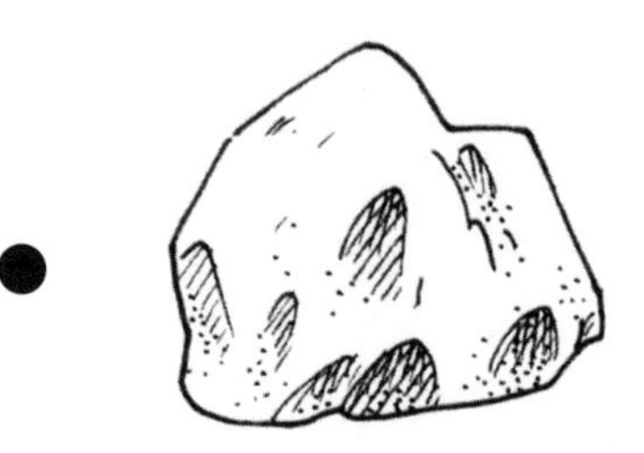

英文

- 認字：egg、fish
- 温習大楷 E、F

日期：

請把圖畫填上顏色，然後讀出英文生字。

egg

fish

請把相同的英文字母填上相同的顏色。

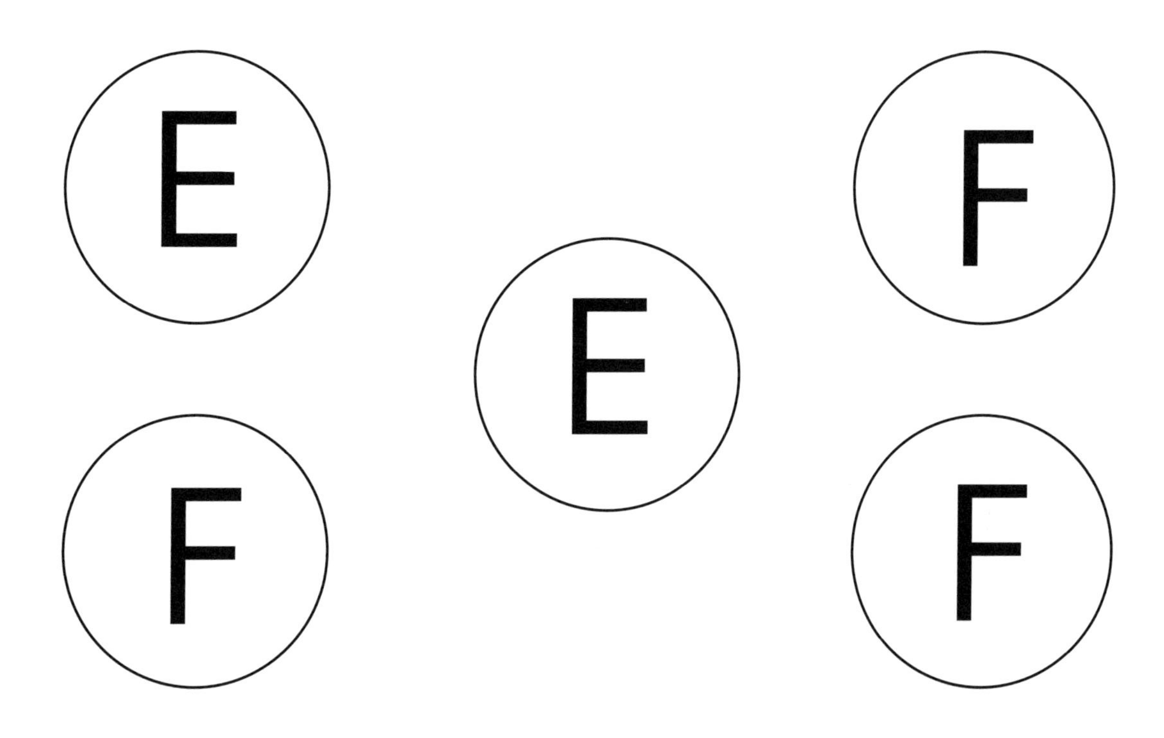

請用手指沿着虛線走，然後把數量是 3 的樹葉圈起來。

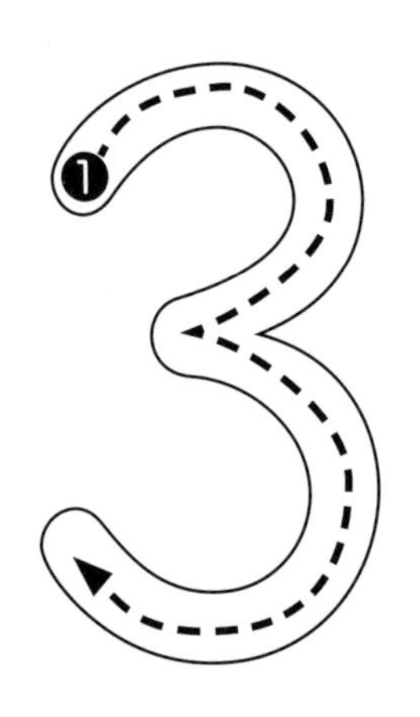

藝術

- 樹葉拓印畫
- 觀察樹葉的葉紋

日期：

秋天到了，樹葉落。請你拾一片樹葉回家，然後跟着下面的步驟做拓印畫。

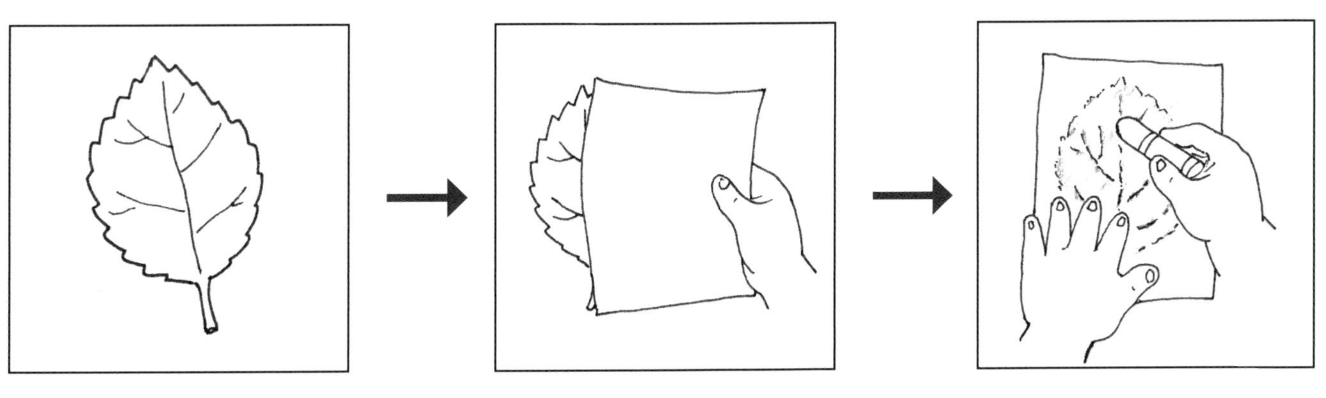

1 拾一片樹葉。

2 把樹葉放在紙下。

3 用蠟筆輕輕把樹葉拓印出來。

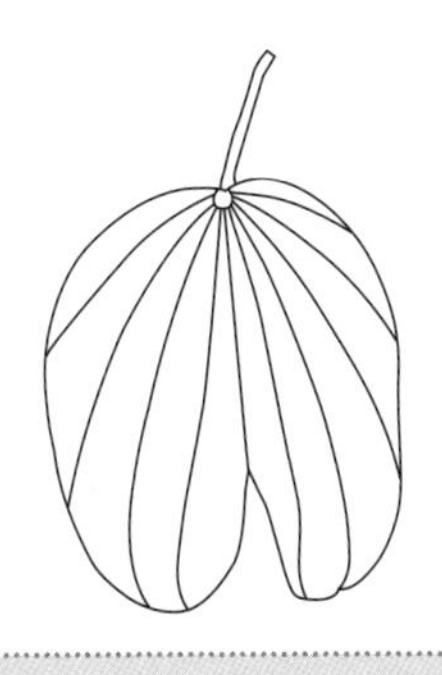

STEAM UP 小學堂

完成拓印畫後，請你仔細觀察樹葉的不同部分：葉柄、葉脈，以及它們不同的顏色和形狀。如果家裏有放大鏡，你可以把葉子放大，再仔細觀察。葉子上的紋理就是葉脈，主要的功用是幫助植物輸送養分及水分，而葉的形狀可幫助我們分辨植物的品種，例如：洋紫荊的葉子。你可以試試跟爸媽一起觀察洋紫荊的葉子，看看有什麼不同吧！

- 認識與中秋節有關的物品
- 温習字詞

日期：

請從貼紙頁選取跟圖畫相配的字詞貼紙，貼在 ⬚ 內，然後掃描二維碼，跟着唸一唸字詞。

粵語

普通話

• 認識大楷 G、H 和小楷 g、h

日期：

請用手指沿着虛線走，然後把圖畫填上顏色。

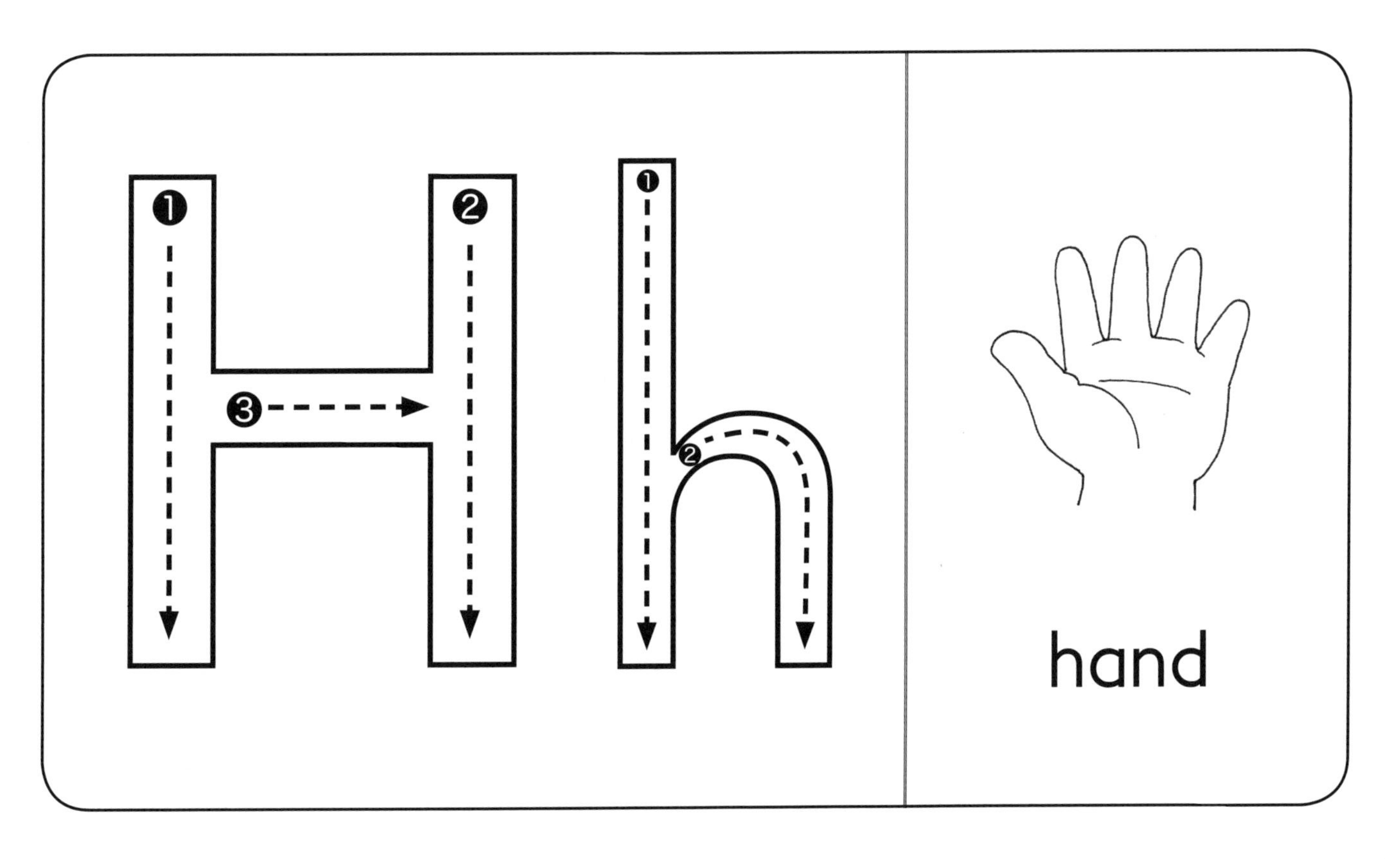

• 認識相同的概念

日期：

請把相同的花燈填上顏色。

日期：

哪個小朋友做得對？請從貼紙頁選取 ★ 貼紙，貼在 ⬚ 內。

• 認識中秋節常見的水果的名稱

日期：

請把虛線連起來，看一看是什麼水果，然後填上顏色。
最後掃描二維碼，跟着唸一唸字詞。

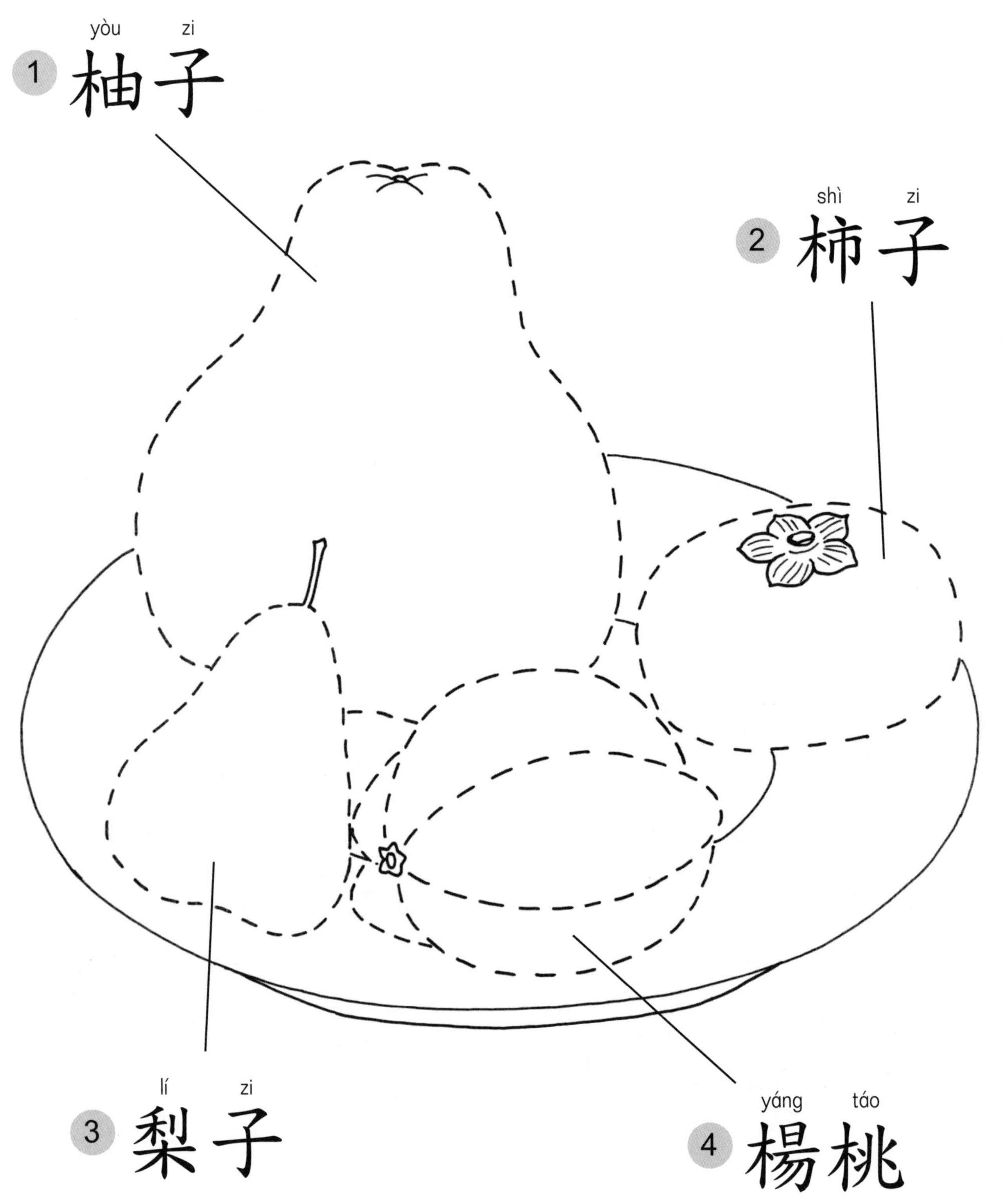

- 認字：girl、hand
- 温習 G、H 的大小楷

日期：

請把跟圖畫相配的字詞圈起來。

請把相配的大小楷字母用線連起來。

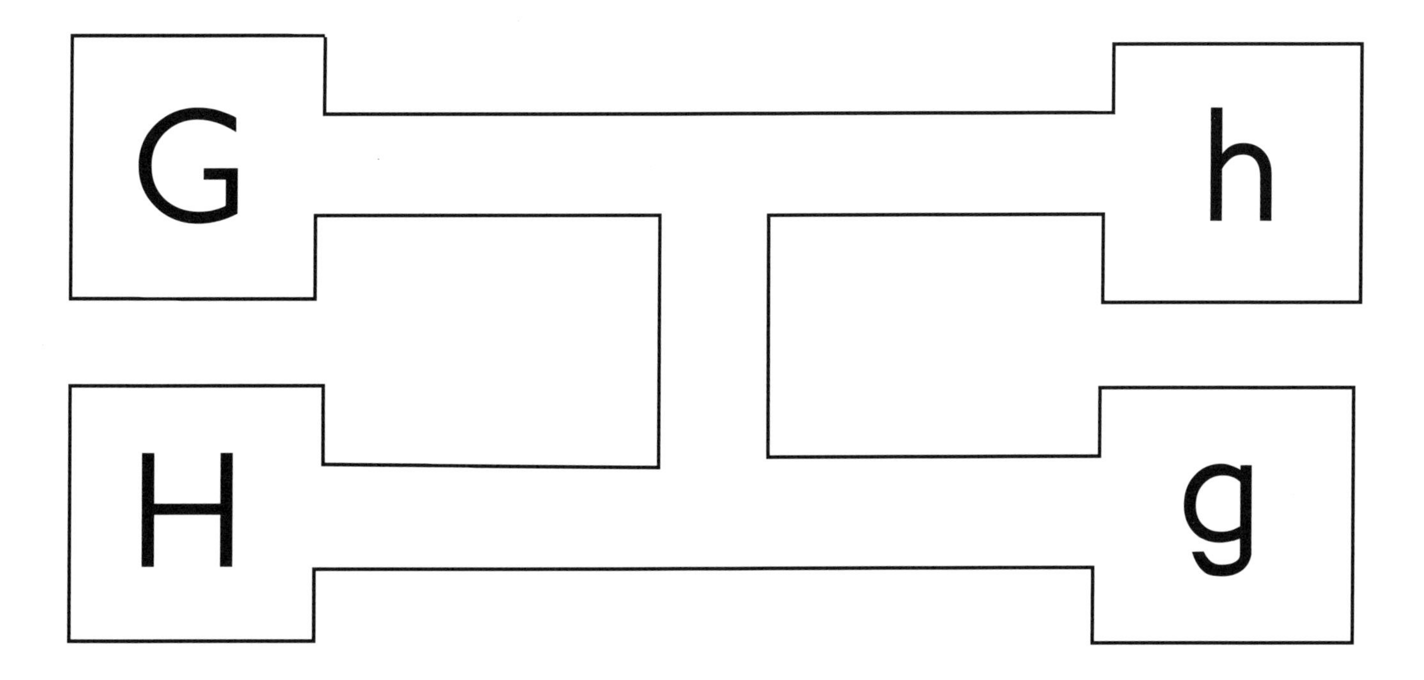

請用手指沿着虛線走，然後把數量是 4 的水果填上顏色。

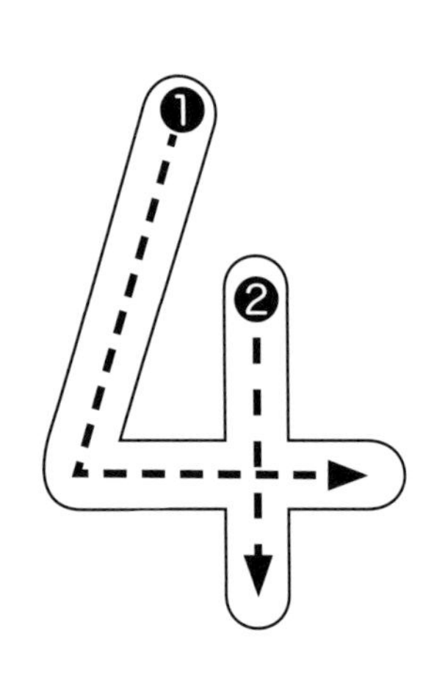

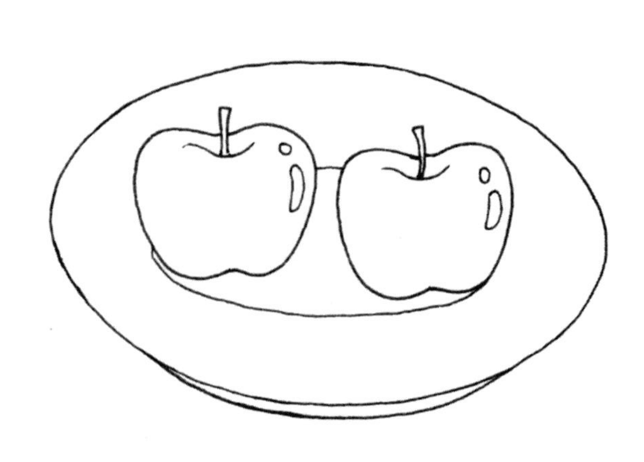

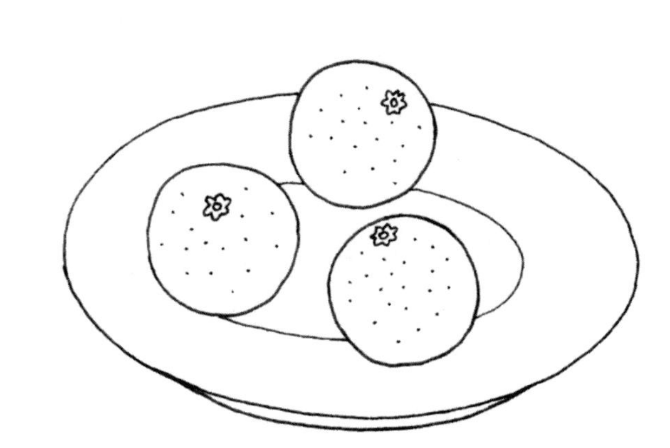

日期：

請把虛線連上，然後找一張黃色紙撕成小塊，貼在月亮上。

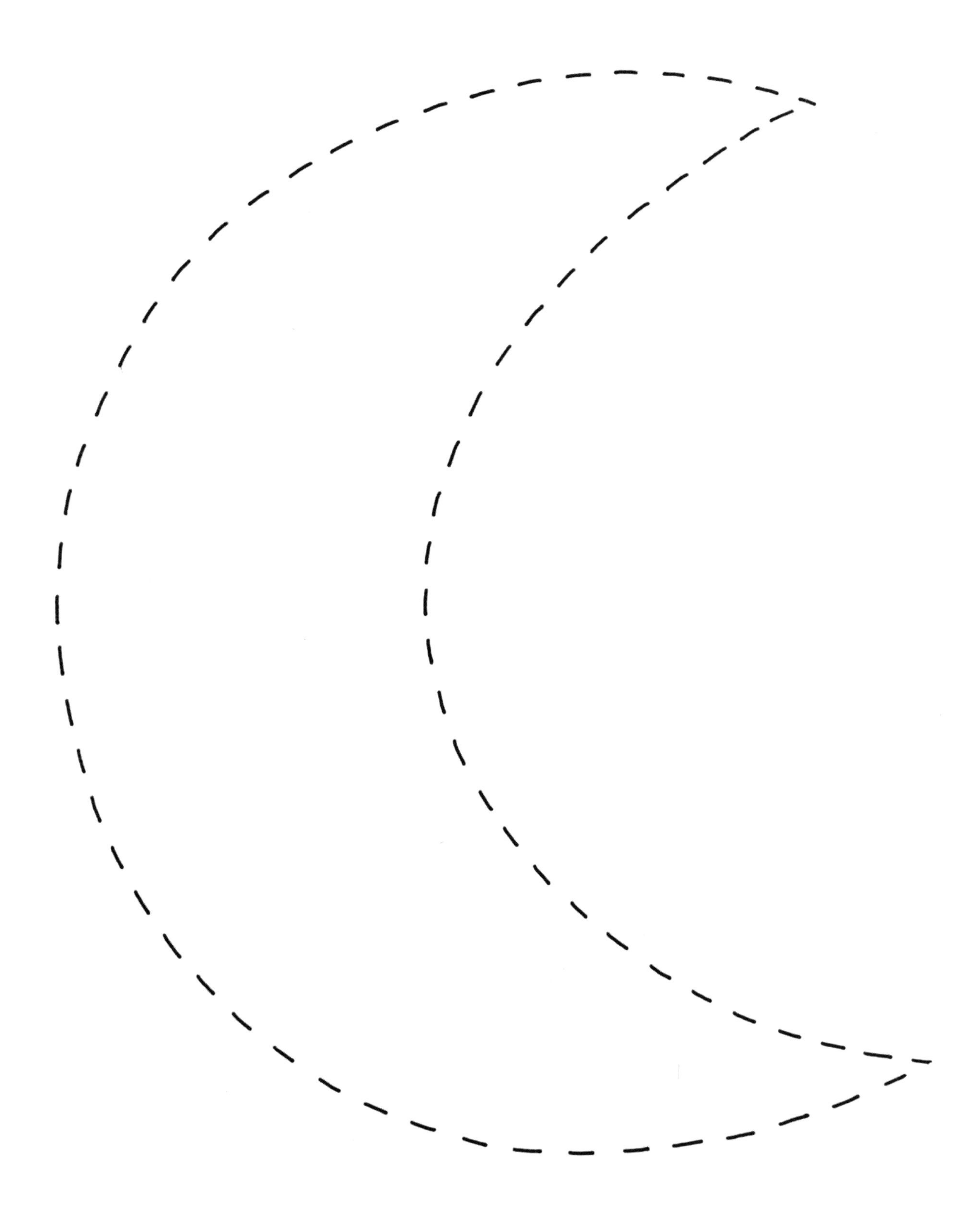

• 認識家庭成員的稱謂

日期：

請從貼紙頁選取跟人物相配的字詞貼紙，貼在 ⬚ 內，然後掃描二維碼，跟着唸一唸字詞和句子。

• 認識大楷 I、J 和小楷 i、j

日期：

請用手指沿着虛線走，然後把圖畫填上顏色。

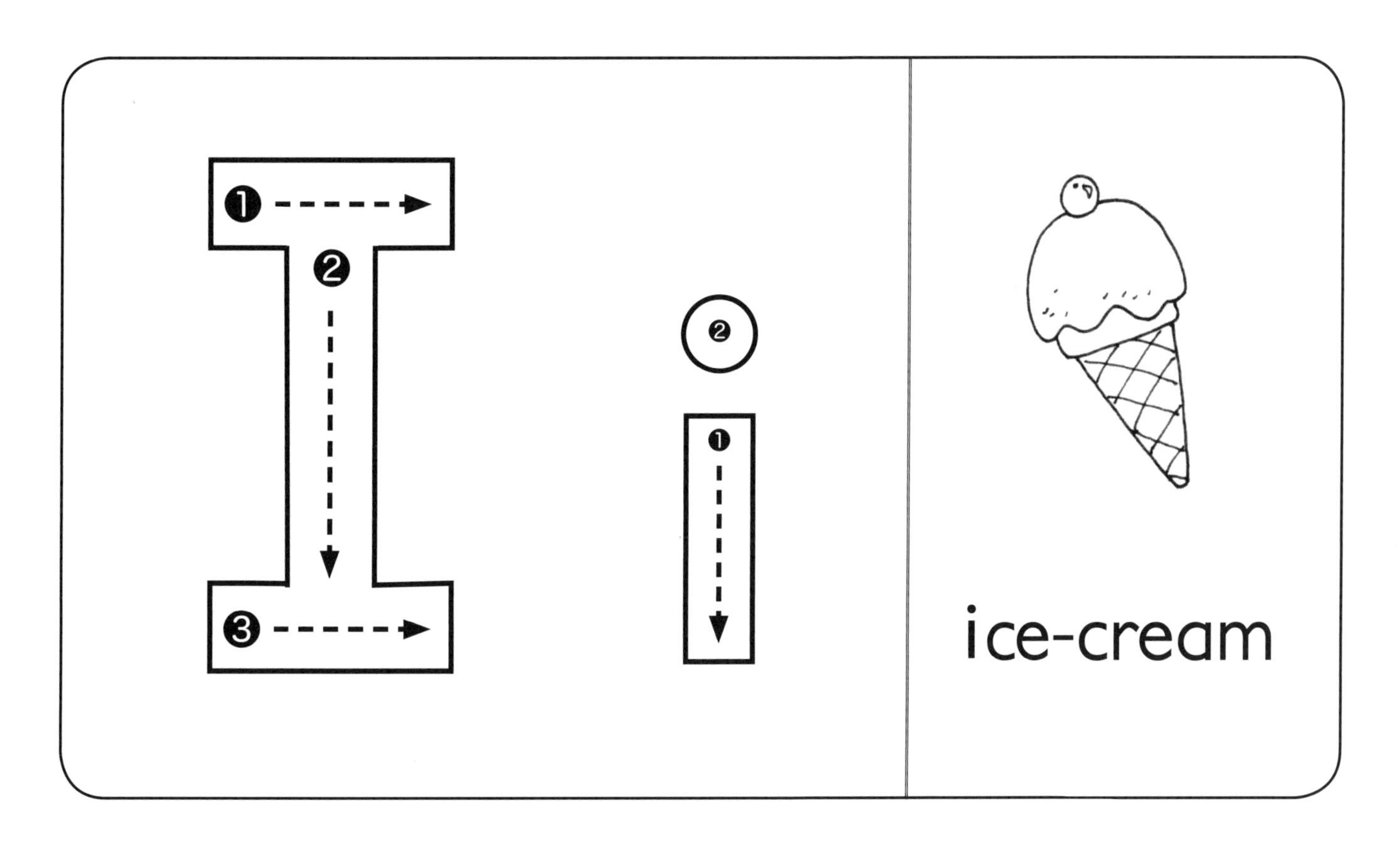

• 認識高和矮的概念
• 認識胖和瘦的概念

日期：

哪個男孩較高？哪個男孩較矮？請把圖畫和字詞用線連起來。

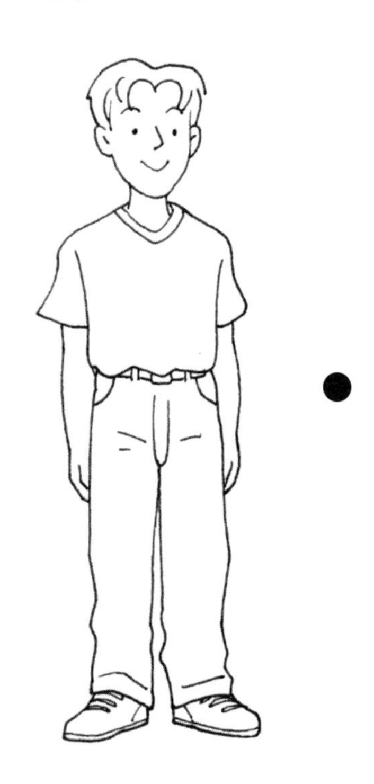

• 高 •

•

• 矮 •

•

請把較胖的男孩填上顏色。

常識

• 認識家中物品的擺放位置

日期：

請從貼紙頁選取正確的物品貼紙，貼在 ⬚ 內。

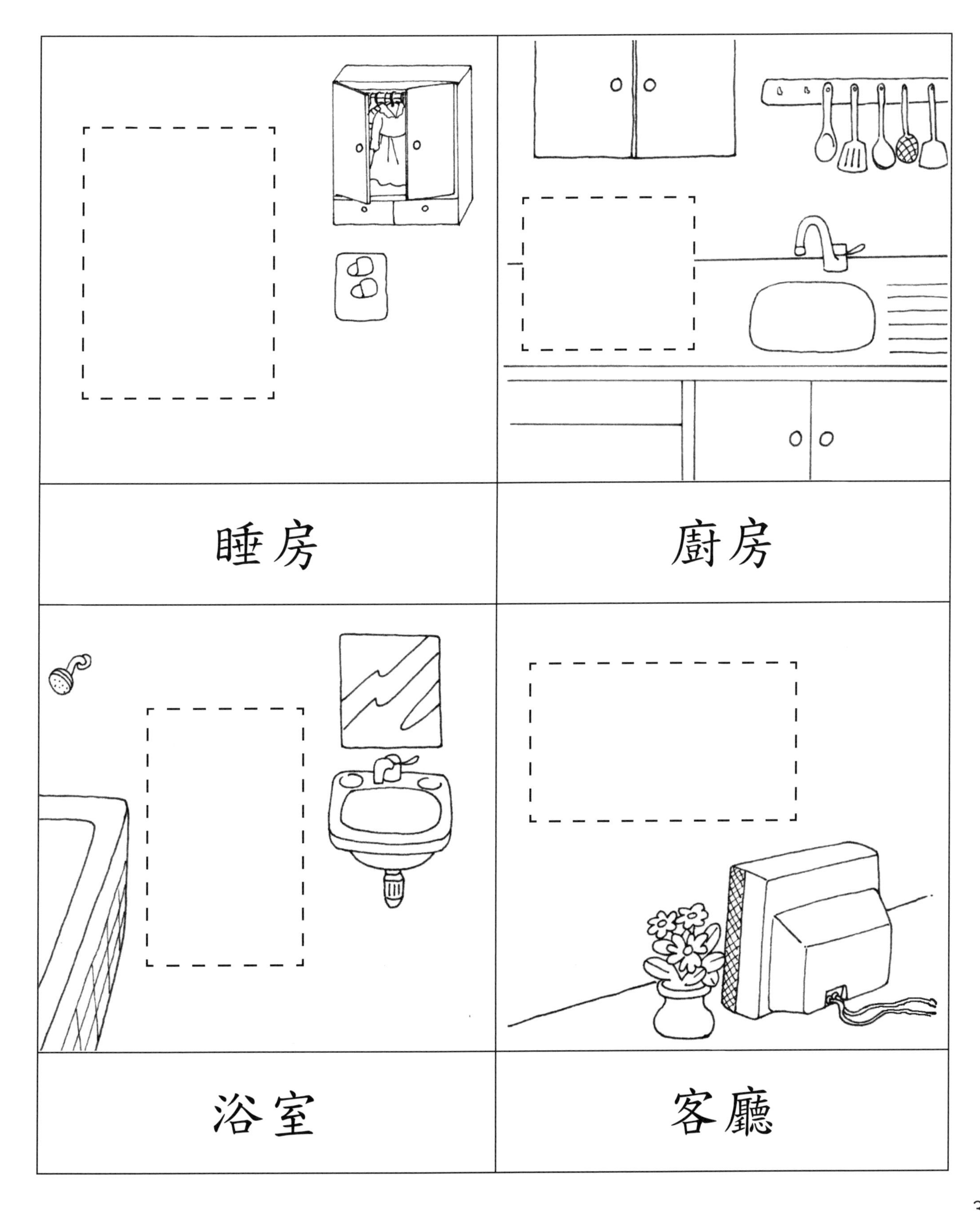

- 認讀：門、牀、杯
- 温習字詞

日期：

請掃描二維碼，聽一聽是什麼字詞，然後把正確的圖畫和字詞圈起來。

1

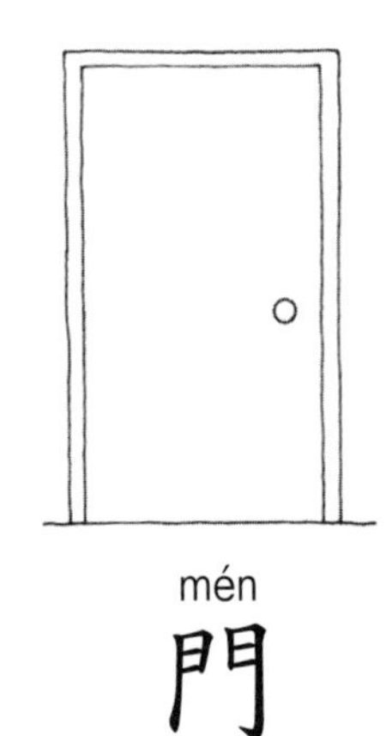

mén
門

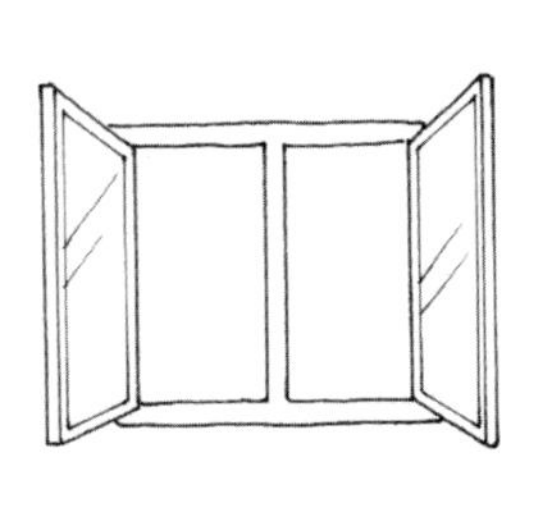

chuāng
窗

2

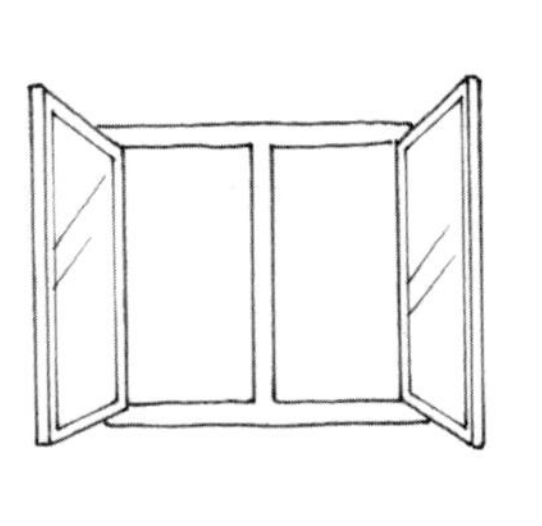

chuāng
窗

chuáng
牀

3

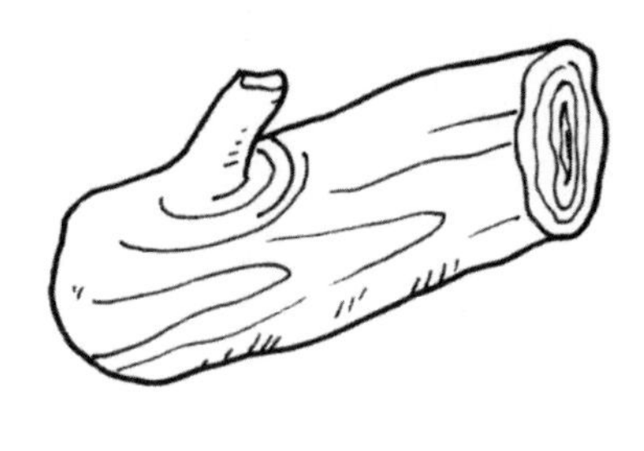

mù
木

bēi
杯

- 認字：ice-cream、juice
- 温習大楷 I、J

日期：

請從貼紙頁選取跟圖畫相配的字詞貼紙，貼在 ⬚ 內。

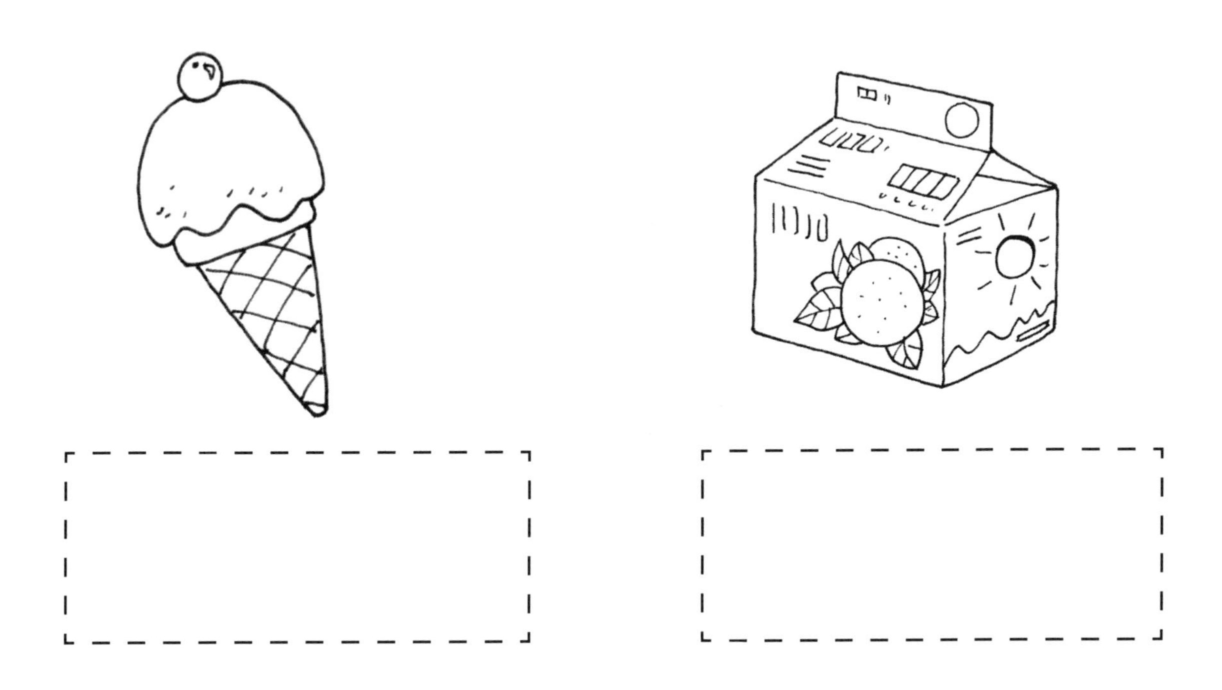

請把英文字母相同的圖畫填上相同的顏色。

• 認識 5 的數字和數量

日期：

請用手指沿着虛線走，然後從貼紙頁選取 [5] 的貼紙，貼在數量是 5 的物件旁。

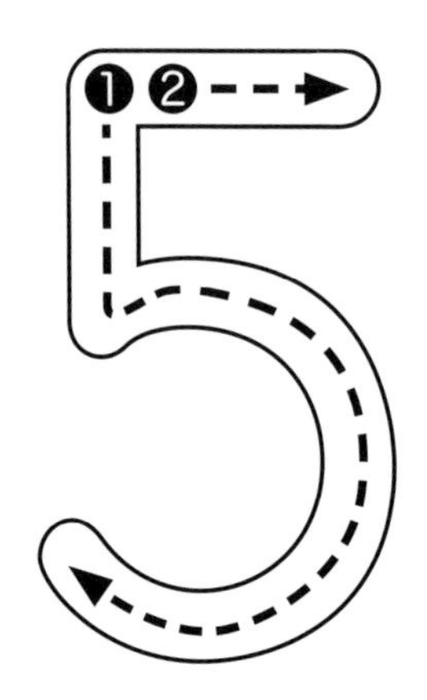

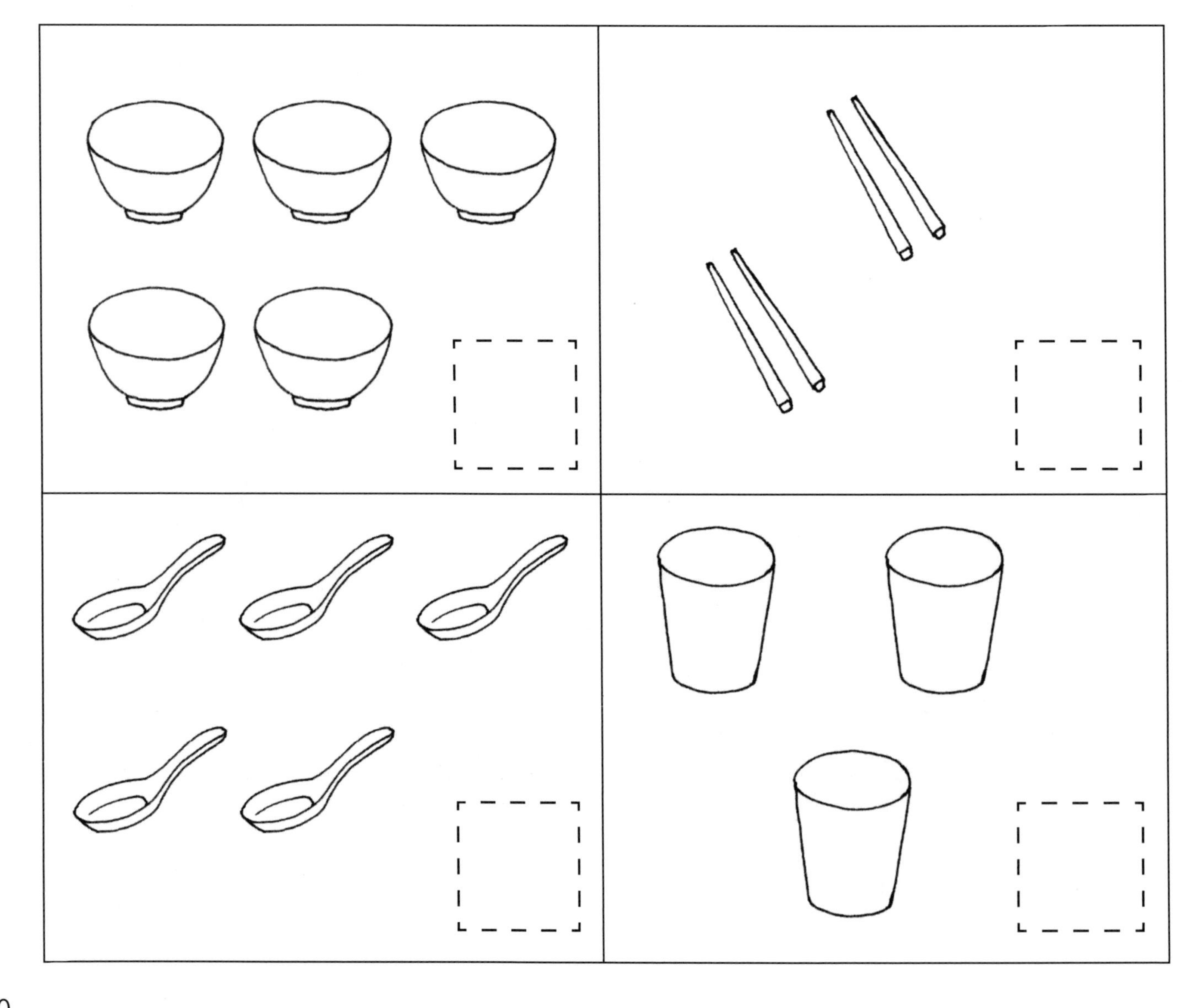

藝術

- 服裝設計
- 認識衣服的作用

日期：

請把虛線連上，然後替小男孩設計衣服的圖案。

STEAM UP 小學堂

我們現在穿着的衣服，除了有保暖的作用，也可以保護我們的身體，例如防止被陽光曬傷、被蚊子叮咬等。衣服還未出現之前，人們是用獸皮來遮着身體的啊！後來隨着時代變遷，人們懂得用棉花、羊毛等編織成布，再做衣服，而且把衣服設計得越來越美觀呢！

• 認讀：狗、大、小

日期：

請從貼紙頁選取跟圖畫相配的字詞貼紙，貼在 ⬚ 內，然後掃描二維碼，跟着唸一唸字詞。

請掃描二維碼，聽一聽句子，然後把正確答案填上顏色。

1 

zhè shì yì zhī 這是一隻 dà 大 / xiǎo 小 gǒu 狗。

2 

zhè shì yì zhī 這是一隻 dà 大 / xiǎo 小 gǒu 狗。

請用手指沿着虛線走，然後把圖畫填上顏色。

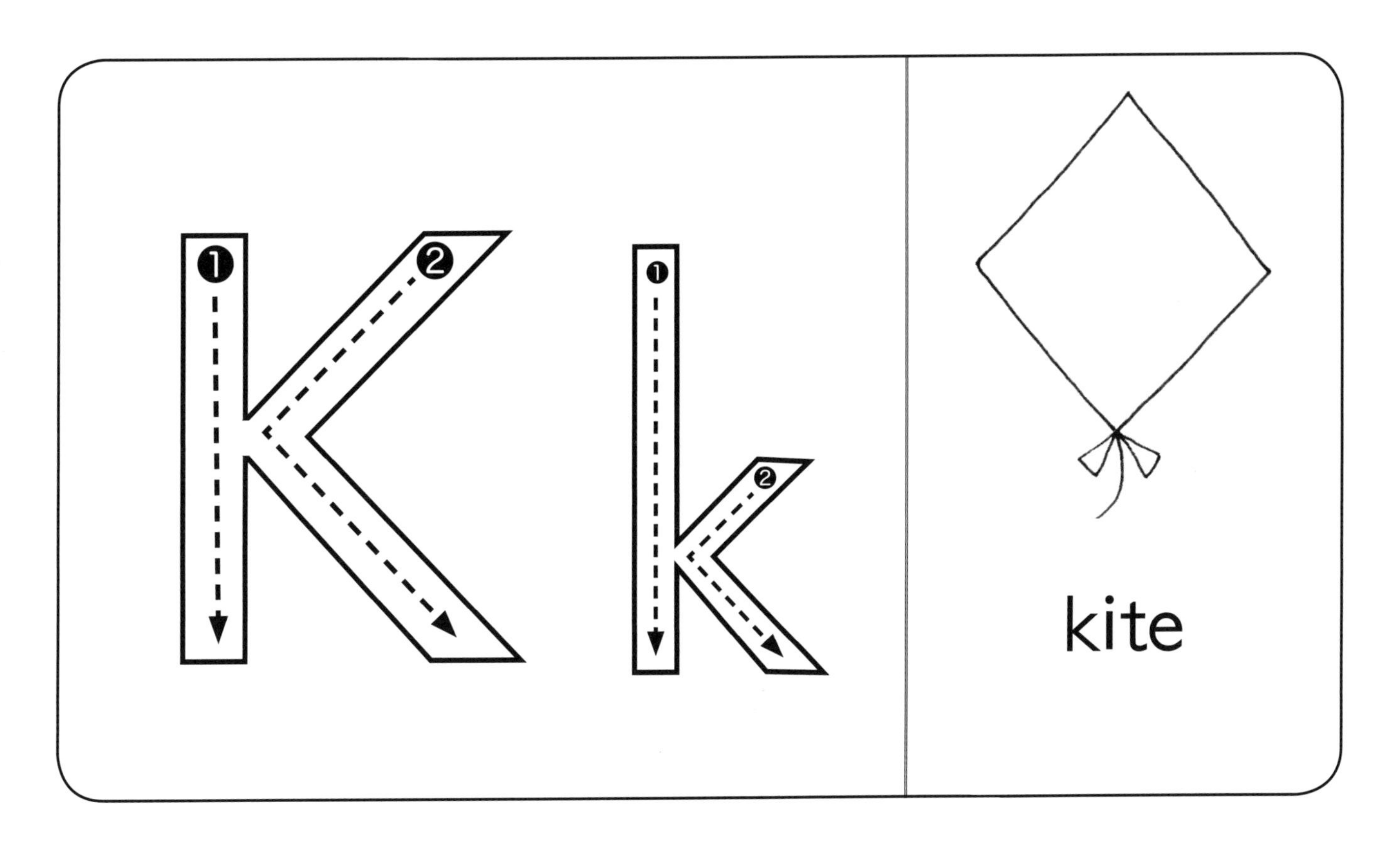

每一隻小狗想要一塊骨頭，請把骨頭跟小狗用線連起來。

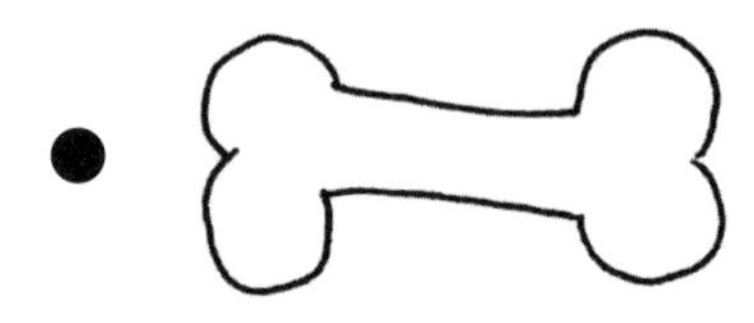

請從貼紙頁選取跟影子相配的動物貼紙，貼在 ⬚ 內。

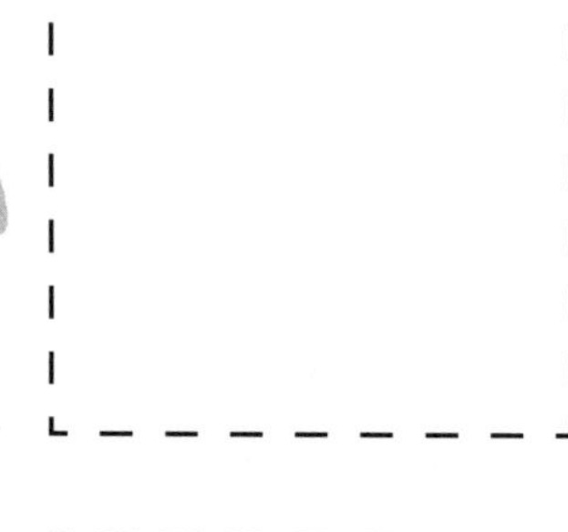

STEAM UP 小學堂

請爸媽預備一支手電筒和一件玩具，然後關上房燈，亮着手電筒以不同方向照射玩具。請你觀察有什麼變化。太陽或電燈的光會把物件照亮，但當光線被遮住之後，物件就會產生影子。光是直線前進的，當遇到無法穿透的物件，就會直接反射回來，因此，光線無法穿透的遮蔽物，就會變成黑色的影子了。

日期：

請替小動物找媽媽，把小動物和牠的媽媽用線連起來。

• 認讀：魚、牛、象

日期：

請掃描二維碼，聽一聽字詞，然後把二維碼跟相配的圖畫和字詞用線連起來。

1 

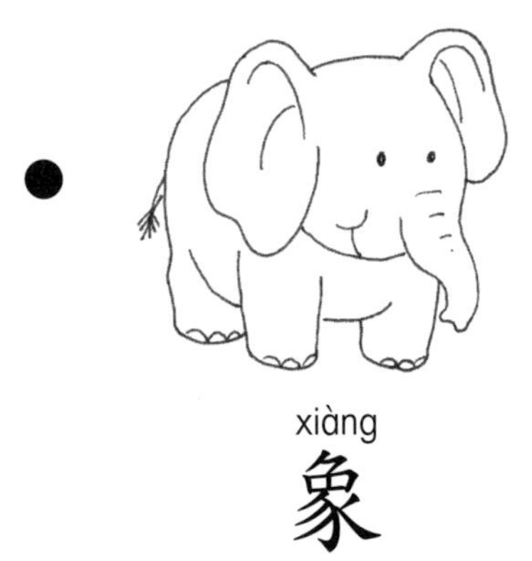

xiàng
象

2 

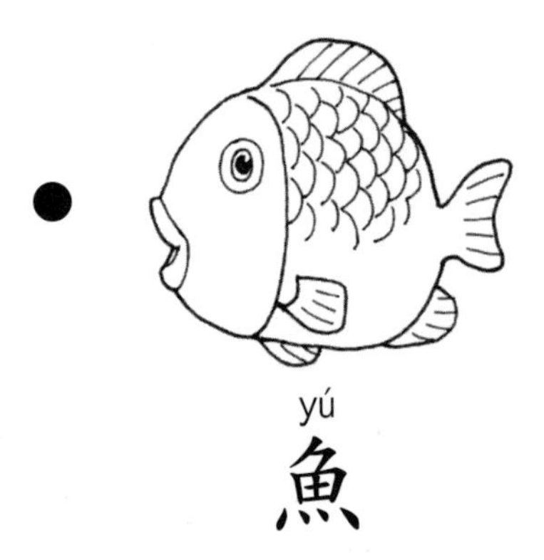

yú
魚

3 

niú
牛

英文

- 認字：kite、lion
- 温習大楷 K、L、J

日期：

請把跟圖畫相配的字詞填上顏色。

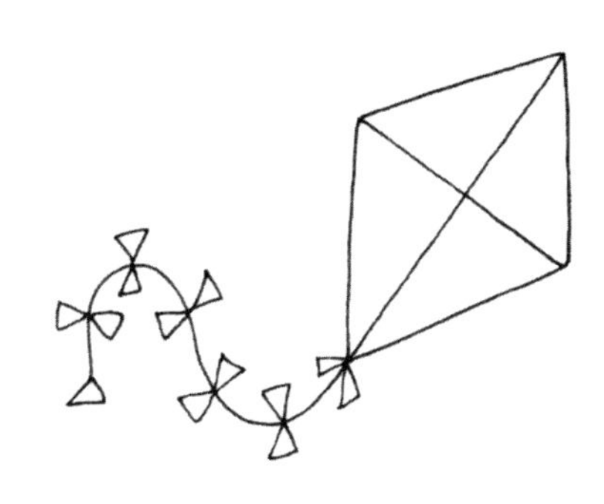

kite	ice-cream
cat	lion

請把相同的英文字母用線連起來。

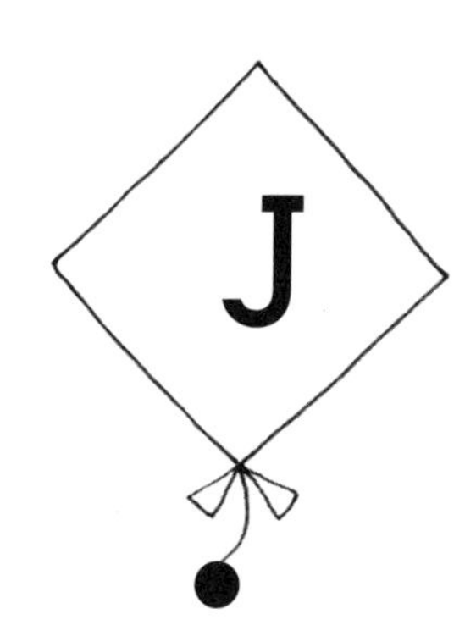

數一數，有多少隻白兔？請從貼紙頁選取正確的數字貼紙，貼在 ⬚ 內，然後用手指沿着虛線走。

- 運筆練習：紅蘿蔔
- 知道紅蘿蔔是橙紅色的原因

日期：

請把橙色或紅色的手工紙撕成小塊，然後貼在紅蘿蔔上。

STEAM UP 小學堂

為什麼紅蘿蔔會是橙紅色的呢？原來紅蘿蔔裏含有一種橙紅色的物質，叫做「胡蘿蔔素」。有些植物也含有胡蘿蔔素，而所含的分量越多，就會越紅了。

• 認讀：衣、米、飯

日期：

請從貼紙頁選取跟圖畫相配的字詞貼紙，貼在 ⬚ 內，
然後掃描二維碼，跟着唸一唸字詞。

1 yī 衣

2 mǐ 米

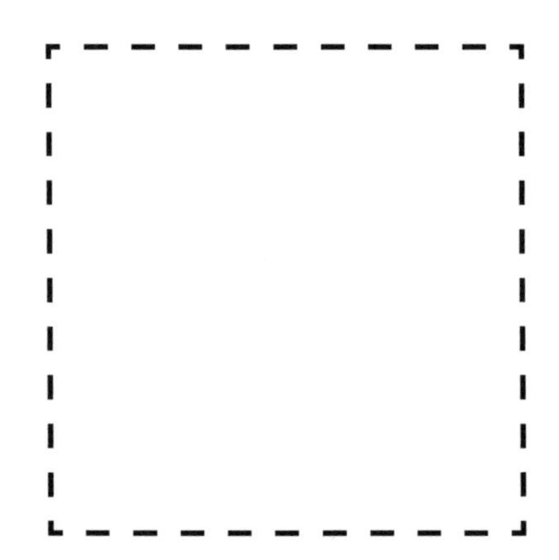

3 fàn 飯

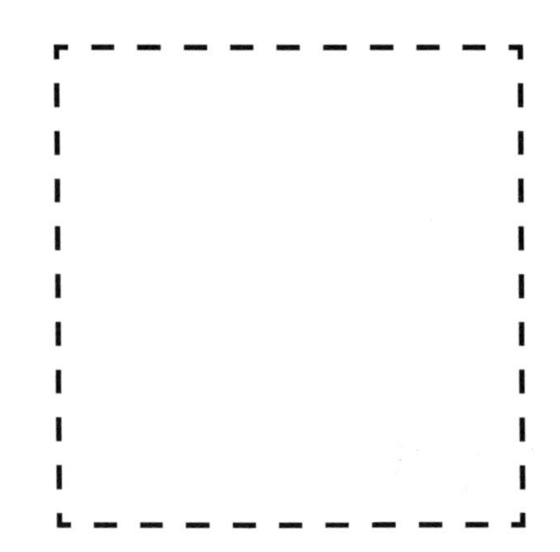

請用手指沿着虛線走，然後把圖畫填上顏色。

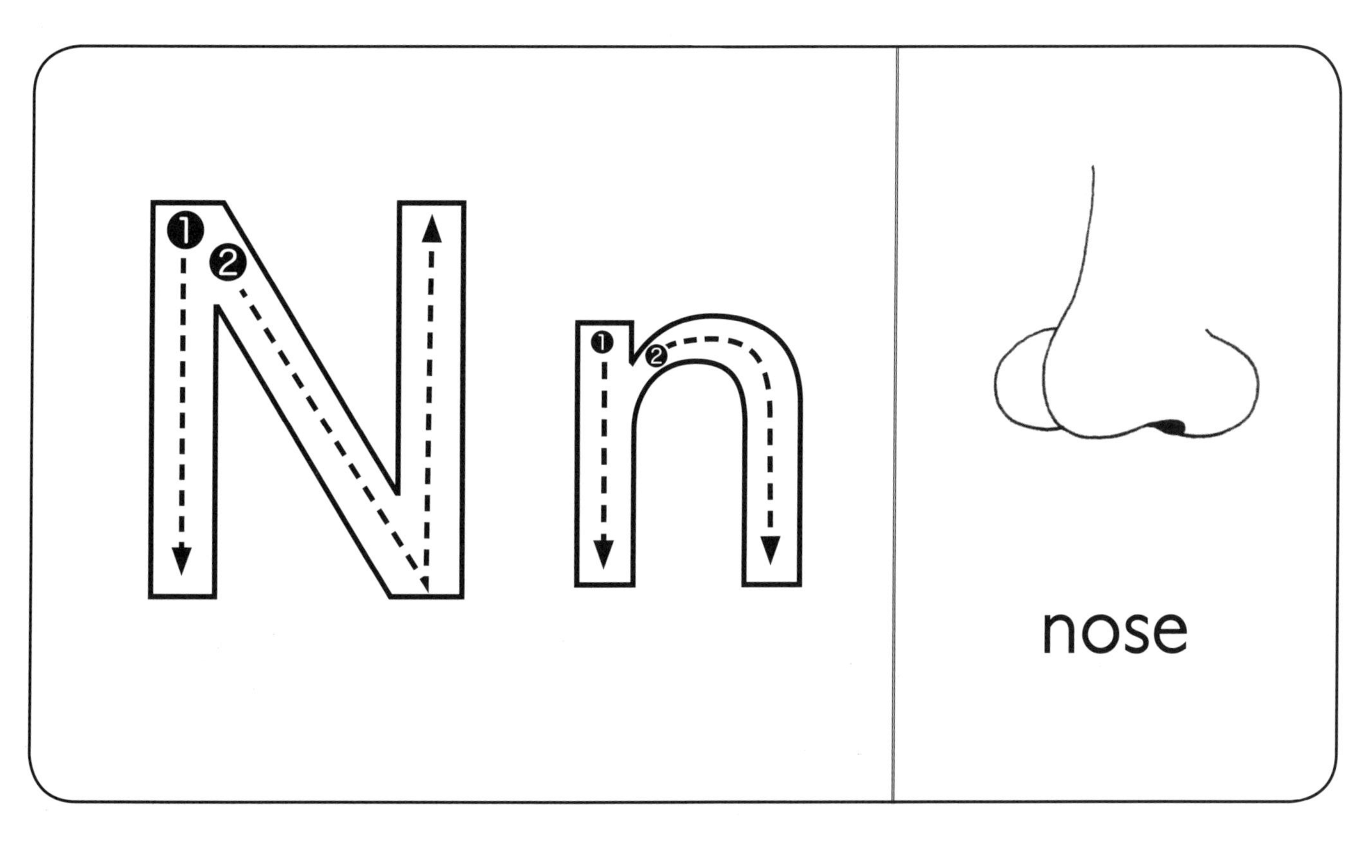

請把每組中不同類的物件圈起來。

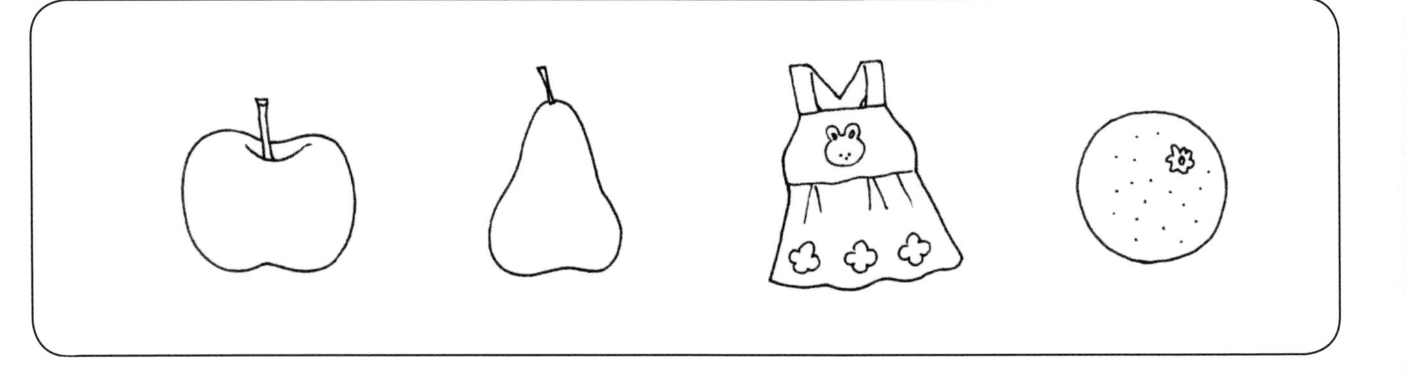

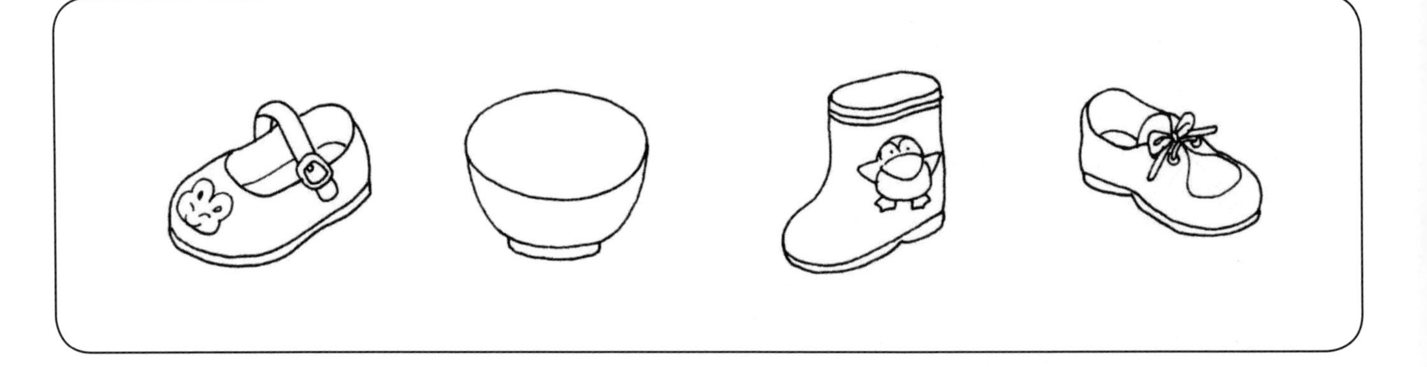

- 認識冬天的衣物
- 知道適當的保暖方法

日期：

請把冬天的衣物和小男孩用線連起來。

STEAM UP 小學堂

小朋友，你知道嗎？原來穿得越多衣服，不一定溫暖。穿得太多或太厚，反而容易令我們體溫上升，導致出汗，而當汗水蒸發時會散熱，因此降低皮膚溫度，最終使體溫下降。

• 認讀：火、日、水

日期：

請把相配的字詞和圖畫用線連起來，然後掃描二維碼，跟着唸一唸字詞。

1

2

3

- 認字：moon、nose
- 温習大楷 M、N、L 和小楷 m、n、l

日期：

請把相配的字詞和圖畫用線連起來。

moon •

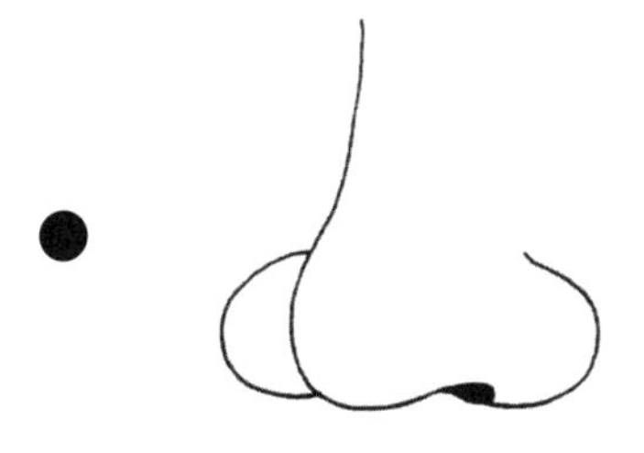

nose •

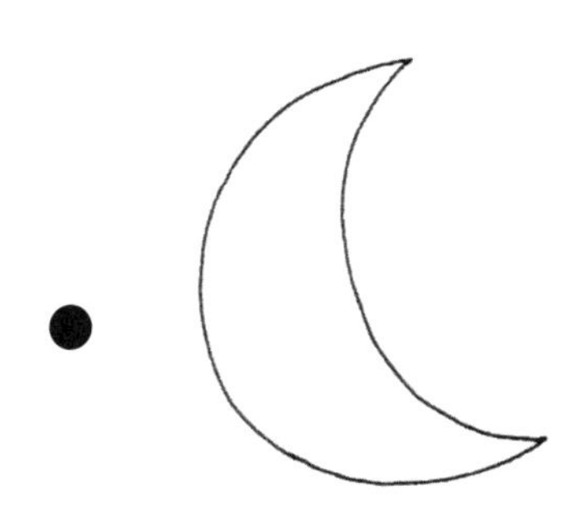

請從貼紙頁選取相配的小楷字母貼紙，貼在 ◌ 內。

請用手指沿着虛線走，然後把數量是 7 的物件圈起來。

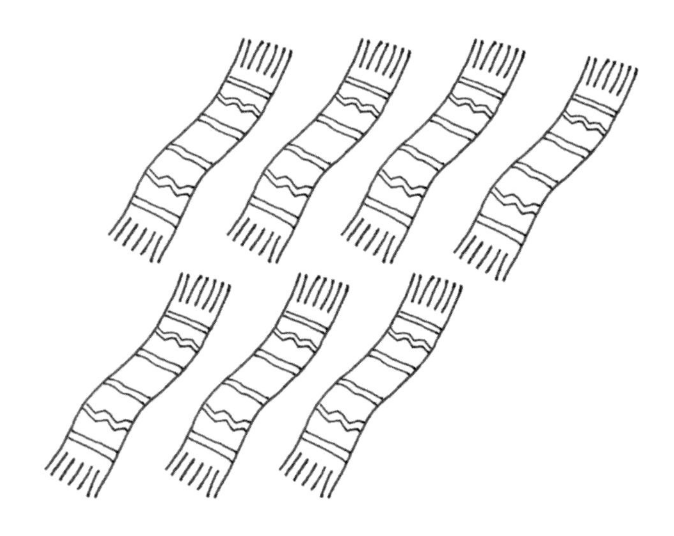

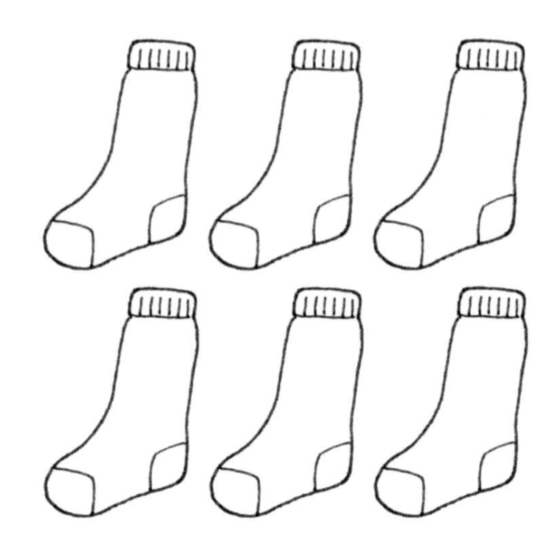

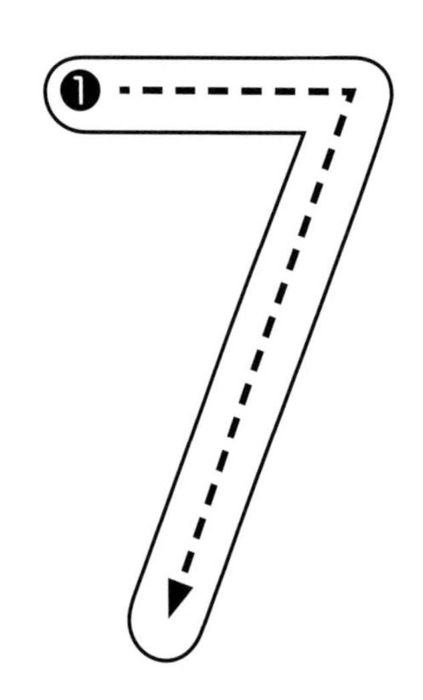

日期：

請把虛線連上，然後把圖畫填上顏色。

• 温習字詞

日期：

請把跟圖畫相配的字詞圈起來，然後掃描二維碼，跟着唸一唸字詞。

	圖畫	字詞	
1		nán 男	tiān 天
2		mù 木	nǚ 女
3		kǒu 口	rì 日
4		mǐ 米	ěr 耳
5		shǒu 手	niú 牛
6		shān 山	shí 石

請把大楷 A 至 N 順序連起來，然後把圖畫填上顏色。

A N

B M

C L

D

E K

F J

G H I

請從貼紙頁選取正確的數字貼紙，按事情發生的先後次序，貼在 ⬚ 內。

• 認識冬天的景象

日期：

哪些是冬天的景象？請在 □ 內填上 ✓。

中文

• 温習字詞

日期：

請把正確的圖畫填上顏色，然後掃描二維碼，跟着唸一唸字詞。

粵語

普通話

1	mén 門	
2	chuáng 牀	
3	gǒu 狗	
4	huǒ 火	
5	rì 日	
6	mǐ 米	

請把小楷 a 至 n 順序連起來，然後把圖畫填上顏色。

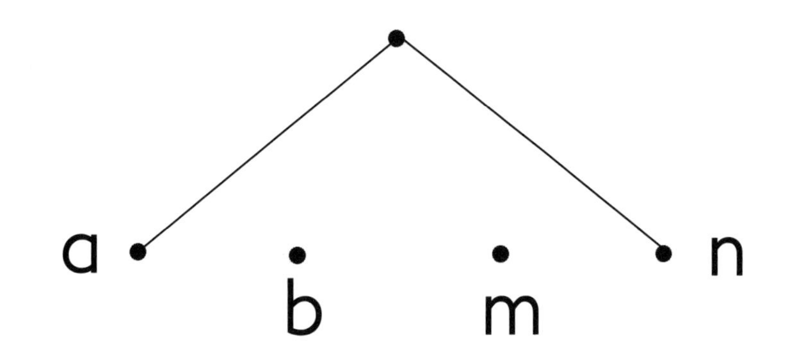

c • • d k • • l

e • • f i • • j

• g • h

數學

• 溫習 1-7 的數字和數量

日期：

請按數字把正確數量的物件填上顏色。

1	
2	
3	
4	
5	
6	
7